物联网技术系列丛书

普通高等教育"十三五"应用型人才培养规划教材

LabVIEW 2016程序设计教程

主 编 何小群 谢 箭

西南交通大学出版社

·成 都·

内容简介

本书主要介绍了 LabVIEW 2016 应用软件开发的基础知识，详细地讲解了 LabVIEW 2016 编程环境及其安装、数据类型和基本操作、程序设计、图形显示、文件操作、人机界面设计、数据库操作、串口开发与应用。本书采用步骤讲解实例的方法来介绍每一个知识点，以达到让读者融会贯通的效果。本书结合大量经典案例，深入浅出地讲解了 LabVIEW 2016 程序设计思想的重点和难点，初学者能快速地学会使用 LabVIEW 集成开发环境设计测量系统。全书章节合理紧凑、内容翔实、语言浅显易懂，讲解深入浅出。

图书在版编目（CIP）数据

LabVIEW 2016 程序设计教程 / 何小群，谢箭主编
. 一成都：西南交通大学出版社，2018.8
（物联网技术系列丛书）
普通高等教育"十三五"应用型人才培养规划教材
ISBN 978-7-5643-6415-1

Ⅰ.①L… Ⅱ.①何… ②谢… Ⅲ.①软件工具 – 程序设计 – 高等学校 – 教材 Ⅳ.①TP311.56

中国版本图书馆 CIP 数据核字（2018）第 210699 号

物联网技术系列丛书
普通高等教育"十三五"应用型人才培养规划教材
LabVIEW 2016 程序设计教程

	责任编辑／黄庆斌
主　编　何小群　谢　箭	特邀编辑／刘姗姗
	封面设计／何东琳设计工作室

西南交通大学出版社出版发行
（四川省成都市二环路北一段 111 号西南交通大学创新大厦 21 楼　610031）
发行部电话：028-87600564　　028-87600533
网址：http://www.xnjdcbs.com
印刷：成都中永印务有限责任公司

成品尺寸　185 mm × 260 mm
印张　18　　字数　448 千
版次　2018 年 8 月第 1 版　　印次　2018 年 8 月第 1 次
书号　ISBN 978-7-5643-6415-1
定价　45.00 元

前　言

LabVIEW 是一种业界领先的工业标准图形化编程工具，可用来开发测试测量、控制系统尤其善于解决工业现场等场合的快速开发原型问题。

本书针对高等院校学生特点，以软件开发设计思想为主线，遵循由易到难、深入浅出的原则，加入了大量示例程序来帮助读者学习。本书从一门实际应用软件技术课程的角度，分析了 LabVIEW 的设计原理和方法，提取程序设计的通用思想和设计模式，丰富读者的实际程序开发技能。另外，本书突出理论联系实际的特点，不仅满足于告诉读者怎么做，更重要的是启发读者去思考和实现程序。

本书在编写过程中，几乎参考了 LabVIEW 帮助文档的所有内容以及大部分现有的 LabVIEW 书籍，搜索了 NI 网站中的大量网络资源，并且总结了编者多年的 LabVIEW 编程知识和编程经验。通过本书，读者可以从入门开始，并逐步深入地对 LabVIEW 进行学习，直到成为真正精通 LabVIEW 的编程高手。

为了使初学者快速地学会使用 LabVIEW 设计测试测量系统，全书从实用角度出发，将内容分为 12 章进行介绍。

第 1 章　LabVIEW 概述：LabVIEW 简介。

第 2 章　LabVIEW2016 安装：集成开发环境的安装和配置。

第 3 章　LabVIEW2016 编程环境：详细介绍了 LabVIEW 2016 的编程界面、菜单栏、工具栏、选板和帮助等。

第 4 章　数据类型和基本操作：全面详细地介绍了 LabVIEW 2016 的数据类型和数据运算。

第 5 章　程序结构：重点介绍了循环结构、条件结构、顺序结构、使能结构、定时结构、事件结构、公式节点和变量等。

第 6 章　图形显示：重点介绍波形显示，XY 图与 Express XY 图，强度图形，数字波形图和三维图形的显示等。

第 7 章　快速 VI 技术（Express VI）：详细介绍了 Express VI 的创建以及示例。

第 8 章　子 VI 和属性节点：重点介绍子 VI 的创建和属性节点的应用。

第 9 章　文件操作：重点介绍了文本文件、二进制文件、电子表格文件、波形文件、配置文件和 XML 文件等近十种基本文件的读写操作技巧。

第 10 章　人机界面设计：重点介绍了下拉列表、列表框、对话框、菜单、多面板、选项卡等高级控件的应用和人机界面设计的基本技巧。

第 11 章　数据库操作：通过 LabVIEW 2016 操作 MySQL 数据库，实现数据库的增删改查等。

第 12 章　串口开发与应用：重点介绍串口的参数设置、串口通信软件开发。

本书由何小群（重庆工程学院）、谢箭（重庆工程学院）主编。其中谢箭负责第六章、第七章的编写，其余章节由何小群编写。本书编写得到了重庆工程学院物联网工程专业全体老师的鼓励和支持，在此向他们表示衷心感谢！

由于编者水平有限，加之时间仓促，书中存在不当之处在所难免，敬请读者批评指正，不吝赐教，深表感谢。

编　者

2018 年 6 月

目　录

1 LabVIEW 概述

1.1 LabVIEW 基本介绍

LabVIEW 是一种程序开发环境，由美国国家仪器（NI）公司研制开发，类似于 C 和 BASIC 开发环境。但 LabVIEW 与其他计算机语言的显著区别是：其他计算机语言都是采用基于文本的语言产生代码，而 LabVIEW 使用的是图形化编辑语言 G 编写程序，产生的程序是框图的形式。LabVIEW 软件是 NI 设计平台的核心，也是开发测量或控制系统的理想选择。LabVIEW 开发环境集成了工程师和科学家快速构建各种应用所需的所有工具，旨在帮助工程师和科学家解决问题、提高生产力和不断创新。

1.1.1 什么是 LabVIEW

LabVIEW（Laboratory Virtual Instrument Engineering Workbench）是一种图形化的编程语言开发环境。传统文本编程语言根据语句和指令的先后顺序决定程序执行顺序，而 LabVIEW 则采用数据流编程方式，程序框图中节点之间的数据流向决定了程序的执行顺序。它用图标表示函数，用连线表示数据流向。

与 C、BASIC 一样，LabVIEW 也是通用的编程系统，有一个可完成任何编程任务的庞大函数库。LabVIEW 的函数库包括数据采集、GPIB、串口控制、数据分析、数据显示及数据存储等。LabVIEW 也有传统的程序调试工具，如设置断点，以动画方式显示数据及其子程序（子 VI）的结果，单步执行等，便于程序调试。

LabVIEW 提供很多外观与传统仪器（如示波器、万用表）类似的控件，可用来方便地创建用户界面。用户界面在 LabVIEW 中被称为前面板。使用图标和连线，可以通过编程对前面板上的对象进行控制。它广泛地被工业界、学术界和研究实验室所接受，视为一个标准的数据采集和仪器控制软件。LabVIEW 集成了满足 GPIB、VXI、RS-232 和 RS-485 协议的硬件及数据采集卡通信的全部功能。它还内置了便于应用 TCP/IP、ActiveX 等软件标准的库函数。这是一个功能强大且灵活的软件，利用它可以方便地建立自己的虚拟仪器，其图形化的界面使得编程及使用过程都生动有趣。

图形化的程序语言，又称为"G"语言。使用这种语言编程时，基本上不写程序代码，取而代之的是流程图或框图。它尽可能利用了技术人员、科学家、工程师所熟悉的术语、图标和概念，因此，LabVIEW 是一个面向最终用户的工具。它可以增强用户构建自己的科学知识和工程系统的能力，提供了实现仪器编程和数据采集系统的便捷途径。用户使用它进行原理研究、设计、测试并实现仪器系统时，可以大大提高工作效率。

1.1.2 LabVIEW 的应用领域

LabVIEW 有很多优点，比较适合电子类工程师快速进行程序设计和开发，尤其是在某些特殊领域其特点尤其突出。

（1）测试测量。LabVIEW 最初就是为测试测量而设计的，因而测试测量也是现在 LabVIEW 最广泛的应用领域。经过多年的发展，LabVIEW 在测试测量领域获得了广泛认可。至今，大多数主流的测试仪器、数据采集设备都拥有专门的 LabVIEW 驱动程序，使用 LabVIEW 可以非常便捷地控制这些硬件设备。同时，用户也可以十分方便地找到各种适用于测试测量领域的 LabVIEW 工具包。这些工具包几乎覆盖了用户所需的所有功能，用户在这些工具包基础上再开发程序就容易多了。有时甚至于只需简单地调用几个工具包中的函数，就可以组成一个完整的测试测量应用程序。

（2）控制。控制与测试是两个相关度非常高的领域，从测试领域起家的 LabVIEW 自然而然地首先拓展至控制领域。LabVIEW 拥有专门用于控制领域的模块"LabVIEW DSC"。除此之外，工业控制领域常用的设备、数据线等通常也都带有相应的 LabVIEW 驱动程序。使用 LabVIEW 可以非常方便地编制各种控制程序。

（3）仿真。LabVIEW 包含了多种多样的数学运算函数，特别适合进行模拟、仿真、原型设计等工作。在设计机电设备之前，可以先在计算机上用 LabVIEW 搭建仿真原型，验证设计的合理性，找到潜在问题。在高等教育领域，有时如果使用 LabVIEW 进行软件模拟，就可以达到同样的效果，使学生不至失去实践的机会。

（4）儿童教育。由于图形外观漂亮，容易吸引儿童的注意力，同时图形比文本更容易被儿童接受和理解，所以 LabVIEW 非常受少年儿童的欢迎。对于没有任何计算机知识的儿童而言，可以把 LabVIEW 理解成是一种特殊的"积木"：把不同的原件搭在一起，就可以实现自己所需的功能。著名的可编程玩具"乐高积木"使用的就是 LabVIEW 编程语言。儿童经过短暂的指导就可以利用乐高积木提供的积木搭建成各种车辆模型、机器人等，再使用 LabVIEW 编写控制其运动和行为的程序。除了应用于玩具，LabVIEW 还有专门用于中小学生教学使用的版本。

（5）快速开发。根据笔者参与的一些项目统计，完成一个功能类似的大型应用软件，熟练的 LabVIEW 程序员所需的开发时间，大概只是熟练的 C 程序员所需时间的 1/5 左右。所以，如果项目开发时间紧张，应该优先考虑使用 LabVIEW，以缩短开发时间。

（6）跨平台。如果同一个程序需要运行于多个硬件设备之上，也可以优先考虑使用 LabVIEW。LabVIEW 具有良好的平台一致性。LabVIEW 的代码不需任何修改就可以运行在常见的三大台式机操作系统上：Windows、Mac OS 及 Linux。除此之外，LabVIEW 还支持各种实时操作系统和嵌入式设备，比如常见的 PDA（Personal Digital Assistant）、FPGA（Field Programmable Gate Array）以及运行 VxWorks 和 PharLap 系统的 RT 设备等。

1.1.3 LabVIEW 的优势

LabVIEW 是专为工程师和科研人员设计的集成式开发环境。LabVIEW 的本质是一种图形化编程语言（G），采用的是数据流模型，而不是顺序文本代码行，用户能够根据思路以可视化的布局编写功能代码。这意味着用户可以减少花在语句和语法的时间，而将更多的时间花在解决重要的问题上。通常，使用 LabVIEW 开发应用系统的速度比使用其他编程语言快 4 ～ 10 倍。这一惊人速度背后的原因在于 LabVIEW 易学易用，它所提供的工具使创建测试和测量应用变得更为轻松。

LabVIEW 的优势主要体现在以下几个方面：

（1）简化开发。使用直观的图形化编程语言，按照工程师脑中所想编程代码。

（2）无可比拟的硬件集成。可以采集任意总线上的任意测量硬件数据。

（3）自定义用户界面。使用易于拖放的控件快速开发用户界面，实现可视化开发程序。

（4）广泛的分析和信号处理 IP。用于开发数据分析和高级控制算法。

（5）为解决方案的各个组成部分选择合适的方法。在单个开发环境中集成图形化编程、基于文本的编程以及其他编程方法，帮助用户高效构建自定义软件解决方案。

（6）部署软件至正确的硬件。无论是个人计算机、工业计算机，还是嵌入式设备，均可将 LabVIEW 代码部署至正确的硬件，无需根据不同的终端重新编写代码。

（7）强大的多线程执行。通过固有的并行软件自动利用多核处理器提供的性能优势。

（8）记录和共享测量数据。以任意文件类型或报表格式保存、显示和共享测量结果。

（9）与 Microsoft Excel 和 Word 交互。能够将报表直接发送到 Microsoft 应用程序（如 Excel 和 Word），可采用 ActiveX 或用于 Microsoft Office 的 NI LabVIEW 报表生成工具包，通过编程加以实现。报告生成工具包抽象化与 Excel 和 Word 交互的复杂性，而且让用户能着力设计实际报告元素。使用这些 VI，用户能轻松地将标题、表格和图形添加至 Microsoft 文档。还有，用户能在可接受 LabVIEW 调用的 Word 和 Excel 中创建模板，实现更加自动化和标准化的报告功能。

（10）关注数据，而非文件。LabVIEW 存储、管理与报告工具的设计便于抽象化细节、文件 I/O 报告生成，从而帮助用户关注数据的采集。借助针对工程数据的 TDMS 文件格式、针对传统文件的 DataPlugins、用于搜索的 NI DataFinder 和强大的报告工具，用户不必根据存储和报告的局限显示采集。当硬件速度加快且存储更廉价时，LabVIEW 继续提供工具来帮助用户从收集的全部数据中获得最大利益。

（11）充分利用团队的专业。LabVIEW 系统设计软件为用户提供了重要的 I/O 访问、有用的 IP 和易用的图形化编程。它还可与第三方软件程序和函数库进行互操作，帮助用户重复利用工程团队已经开发好的代码以及使用其擅长的软件语言。LabVIEW 可集成多种语言，简化与本地运行或在网络上运行的其他软件的通信，因而可帮助工程师利用所有可用的工具成功进行开发。

1.2 LabVIEW 的起源与发展历程

LabVIEW 的起源可以追溯到 20 世纪 70 年代，那时计算机测控系统在国防、航天等领域已经有了较快的发展。PC 机出现以后，仪器级的计算机化成为可能，甚至在 Microsoft 公司的 Windows 系统诞生之前，NI 公司已经在 Macintosh 计算机上推出了 LabVIEW 2.0 以前的版本。通过对虚拟仪器和 LabVIEW 长期、系统、有效的研究开发，NI 公司成为业界公认的权威。目前 LabVIEW 的最新版本为 LabVIEW 2016，它为多线程功能添加了更多特性，这种特性在 1998 年的版本 5 中被初次引入。使用 LabVIEW 软件，用户可以借助它提供的软件环境。该环境由于其数据流编程特性，LabVIEW Real-Time 工具对嵌入式平台开发的多核支持，以及为多核而设计的自上而下的软件层次，因此是进行并行编程的首选。

自 LabVIEW1.0 发布的 30 多年来，LabVIEW 从未停止过创新，不断的改进、更新与扩展，使 LabVIEW 牢牢占据了自动化测试、测量领域的领先地位。LabVIEW 图形化开发方式已经改变了测试、测量和控制应用系统的开发，如今仍然不断地扩张它的应用领域。

1.3　LabVIEW 2016 的新增特性

LabVIEW 2016 软件为用户提供了所需的工具来专注于需要解决的问题，同时提供了新的功能来帮助用户简化开发。使用通道连线这一个数据通信的新功能，只需通过一条连线即可在循环之间传输数据，无需使用队列。LabVIEW 64 位版本还新增了对五种附加工具的支持，可帮助用户在开发和调试应用时利用操作系统的所有内存。此外，新增的 500 多个仪器控制驱动程序，以及与 Linux、Eclipse 等开源平台更高的集成度，可让用户针对不同的任务使用正确的工具。

1. 选择、移动对象和调整结构大小的改进

LabVIEW 2016 的易用性改进包括在前面板或程序框图上选择对象、移动对象和调整结构大小的改进。

（1）选择对象。选择对象时，被矩形选择框覆盖的区域将显示为灰色，并通过选取框突出显示被选中的对象。被选中的结构将显示深色背景，以示被选中。默认情况下，若在对象周围创建矩形选择框，必须包围整个结构或连线段的中点才能将其选中。如在创建矩形选择框时按空格键，矩形选择框接触到的任意对象均将被选中。如需恢复默认选择动作，再次按空格键。

（2）移动对象。移动选中的对象时，整个选取区域将实时移动。结构等特定对象将自动重排或调整大小，以适应被选中对象的移动操作。

（3）调整结构大小。拖曳调节柄调整结构大小时，结构将实时放大或缩小，不再显示虚线边框。

2. 在并行代码段之间异步传输数据

在 LabVIEW 2016 中，可使用通道线在并行代码段之间传输数据。通道线为异步连线，可连接两段并行代码，而不强制规定执行顺序，因此不会在代码段之间创建数据依赖关系。

LabVIEW 提供了多种通道模板，每种模板表示不同的通信协议。可根据应用程序的通信需求选择模板。

如需创建通道线，首先应创建写入方端点，方法为：右键单击接线端或类型，选择"创

建"/"通道写入方"。从写入方端点的通道接线端绘制通道线并创建读取方端点，方法为：右键单击通道线，选择"创建"/"通道读取方"。

写入方端点向通道写入数据，读取方端点从通道读取数据。通道线在代码段之间传输数据的方式与引用句柄或变量相同。但通道线所需的节点数少于引用句柄或变量，并且使用可见的连线直观表示数据传输。

3. 编程环境的改进

LabVIEW 2016 对 LabVIEW 编程环境进行了以下改进：

快速放置配置对话框包含前面板和程序框图对象快捷方式的默认列表。可使用快速放置配置对话框中的默认快捷方式，无需手动配置快捷方式。

快速放置配置对话框还在前面板和程序框图新增了下列选项：

（1）恢复默认前面板快捷方式/恢复默认程序框图快捷方式。将现有快捷方式列表替换为默认快捷方式列表。

（2）删除所有前面板快捷方式/删除所有程序框图快捷方式。从列表中删除所有快捷方式。

注意：单击恢复默认前面板快捷方式/恢复默认程序框图快捷方式或删除所有前面板快捷方式/删除所有程序框图快捷方式后，必须单击"确定"才能应用改动。如需还原改动，单击"取消"。

4. 新增和改动的 VI 和函数

LabVIEW 2016 包含下列新增和改动的 VI 和函数。

（1）高级文件选板中新增了下列 VI：

① 名称适用于多平台。使用此 VI 可检查文件名在 LabVIEW 支持的操作系统上的有效性。

② 在文件系统中显示。使用此 VI 可根据当前系统平台在（Windows）Windows Explorer、（OSX）Finder 或（Linux）文件系统浏览器中打开一个文件路径或目录。

③ 数据类型解析选板中新增了获取通道信息 VI。使用此 VI 可获取通道信息及传输数据类型。

④ 操作者框架选板中新增了"读取自动停止嵌套操作者数量"VI。使用此 VI 可返回未向调用方操作者发送"最近一次确认"消息的嵌套操作者的数量。此 VI 仅计算调用方操作者停止时可自动停止的嵌套操作者的数量。

元素同址操作结构中新增了"获取/替换变体属性"边框节点。该边框节点用于访问、修改一个或多个变体的属性，无需单独复制变体的属性进行操作。关于使用"获取/替换变体属性"边框节点创建高性能查找表的范例，见 NI 范例查找器或 LabVIEW\examples\Performance\Variant Attribute Lookup Table 目录下的"Variant Attribute Lookup Table.vi"文件。

（2）LabVIEW 2016 中包含下列改动的 VI 和函数：

Windows 类似用于 OS X 和 Linux 的 LabVIEW，对于所有用户创建的连接及内部连接，用于 Windows 的 LabVIEW 限制单个 LabVIEW 实例中的可用网络套接字上限为 1 024。该改动将影响协议 VI 及用于 TCP、UDP、蓝牙和 IrDA 协议的函数，其他协议不受影响（如：网络流、网络发布共享变量和 Web 服务）。

部分数学与科学常量及 Express 数学与科学常量有了新的值。阿伏伽德罗常数、元电荷、重力常数、摩尔气体常数、普朗克常数和里德伯常数的值进行了更新，以匹配 CODATA 2014 提供的值。

5. 新增和改动的类、属性、方法和事件

LabVIEW 2016 中新增或改动了下列类、属性、方法和事件。

（1）LabVIEW 2016 新增了"执行：高亮显示？"（类：VI）属性。此属性用于对 VI 的高亮显示执行过程设置进行读取或写入。必须启用 VI 脚本，才可使用该属性。不同于高亮显示执行过程？（类：顶层程序框图）属性，该属性可以为重入 VI 的副本设置"执行：高亮显示？"属性。

（2）关于新功能及更改的完整列表、LabVIEW 各不同版本特有的升级和兼容性问题和升级指南见 LabVIEW 2016 升级说明。

（3）关于 LabVIEW 2016 的已知问题、部分已修正问题、其他兼容性问题和新增功能的相关信息，请参考 LabVIEW 目录下的"readme.html"文件。

思考与练习

什么是 LabVIEW？LabVIEW 的主要优势是什么？LabVIEW 被应用在了哪些领域？

---

2   LabVIEW 2016 安装

本章从 LabVIEW 2016 对计算机性能的要求和安装开始，通过学习，读者能了解 LabVIEW 2016 的编程环境，建立对 LabVIEW 2016 的感性认识，同时也可以让使用过以前版本 LabVIEW 的读者了解 LabVIEW 2016 的新特点。

2.1   计算机性能要求

LabVIEW 2016 可以安装在 Windows、Mac OS、Linux 等不同的操作系统上。不同的操作系统对安装 LabVIEW 2016 时要求的系统资源也不同。本书只对常用的 Windows 操作系统下所需的安装资源做说明，如表 2.1 所示。其他系统可以参考 LabVIEW 2016 的发布说明。

表 2.1   安装资源

Windows 系统	LabVIEW 2016 运行引擎	LabVIEW 2016 开发环境
处理器	Pentium III/Celeron 866 MHz（或同等处理器）或更高版本（32 位） Pentium 4 G1（或同等处理器）或更高版本（64 位）	Pentium 4M（或同等处理器）或更高版本（32 位） Pentium 4 G1（或同等处理器）或更高版本（64 位）
RAM	256 MB	1 GB
屏幕分辨率	1024 x 768 像素	1 024×768 像素
操作系统	Windows 10/8.1/8/7 SP1（32 位和 64 位） Windows Server 2012 R2（64 位） Windows Server 2008 R2（64 位）	Windows 10/8.1/8/7 SP1（32 位和 64 位） Windows Server 2012 R2（64 位） Windows Server 2008 R2（64 位）
磁盘空间	620 MB	5 GB（包括 NI 设备驱动 DVD 的默认驱动程序）

2.2   LabVIEW 2016 安装

LabVIEW 2016 安装软件包的获取可以通过购买安装光盘或者通过网络直接下载。安装 LabVIEW 2016 之前，最好先关闭杀毒软件，否则杀毒软件会干扰 LabVIEW 2016 软件的安装。这里建议安装 LabVIEW 2016 32 位的中文版软件。具体安装步骤如下：

步骤一：双击 LabVIEW 2016 安装包中可执行文件 "2016LabVIEW-WinChn.exe"，会弹出如图 2.1 所示的界面。

图 2.1 启动安装程序

步骤二：点击 "确定" 按钮后将会弹出如图 2.2 所示的安装包解压界面。

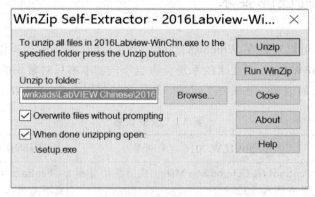

图 2.2 安装包解压界面

步骤三：可以通过 "Browse…" 按钮选择解压的位置，然后点击 "Unzip" 按钮对安装包进行解压。接下来软件就进入了解压进度界面，如图 2.3 所示。解压完成之后，弹出如图 2.4 所示界面，点击 "确定" 按钮。

图 2.3 安装包解压进度界面　　　　图 2.4 安装包解压成功界面

步骤四：解压完成在点击 "确定" 按钮后，直接弹出安装程序初始化界面，如图 2.5 所示。

图 2.5　LabVIEW 2016 初始化界面

步骤五：安装程序初始化完成以后，点击"下一步"，进入用户信息输入界面，如图 2.6 所示。直接点击"下一步"按钮，进入序列号输入界面，如图 2.7 所示，这时直接点击"下一步"，暂时不输入序列号。

图 2.6　LabVIEW 2016 用户信息

图 2.7 产品序列号输入界面

步骤六：现在进入了软件安装的路径设置界面，用户可以选择软件安装的路径（可以默认也可以自定义），如图 2.8 所示，然后点击"下一步"。点击后弹出安装组件选择界面，如图 2.9 所示，默认不用更改，直接点击"下一步"。

图 2.8 LabVIEW 2016 安装路径

图 2.9 LabVIEW 2016 安装组件选择

步骤七：进入选择产品通知界面，如图 2.10 所示。不要选择产品更新，去掉复选框勾选，然后点击"下一步"按钮。弹出许可协议界面（见图 2.11），直接点击"我接受上述 2 条许可协议。"按钮和"下一步"按钮，进入如图 2.12 所示摘要信息核对界面，点击"下一步"按钮。

图 2.10 LabVIEW 2016 产品通知

图 2.11　LabVIEW 2016 许可协议

图 2.12　LabVIEW 2016 摘要信息核对

　　步骤八：在接近安装进度条结束时，如图 2.13 所示，会弹出"安装 LabVIEW 硬件支持"界面，此时选择"不需要支持"按钮，然后直接选择"下一步"按钮。进入"安装完成"界面，如图 2.14 所示，选择"下一步"按钮，又会弹出"NI 客户体验改善计划设置"界面，选择"否，不加入 NI 客户体验改善计划"，然后点击"确定"按钮。接下来会提醒重启计算机，选择"稍后重启"以进行后面的操作。

图 2.13　LabVIEW 2016 安装进度

图 2.14　LabVIEW 2016 安装完成

　　步骤九：接着双击"NI_License Activator 1.1.exe"应用程序，运行该程序出现 NI License Activator 界面，右键点击每个方框图标，然后选择"Activate"，界面中的九个方框将变为绿色。这样软件就安装完成，重启计算机之后，就可以正常使用 LabVIEW 2016 集成开发环境了。

3 LabVIEW 2016 编程环境

LabVIEW 2016 安装完成以后，用户就可以运行了。用户可以通过以下几种方式启动 LabVIEW 2016：

（1）通过桌面快捷方式运行 LabVIEW 2016 程序。

（2）进入 LabVIEW 安装路径，双击"LabVIEW.exe"运行程序。

（3）在"开始"菜单中选择"所有程序"/"National Instrument"/"LabVIEW 2016（32位）"运行程序。

3.1 LabVIEW 2016 启动

启动 LabVIEW 2016 应用程序，启动完成后进入如图 3.1 所示的启动窗口。首次启动时会弹出"欢迎使用 LabVIEW"对话框。为了使以后启动不再显示该对话框，可以不勾选"启动时显示"，然后选择"关闭"按钮，以后启动就不会弹出此窗口。

图 3.1 LabVIEW 2016 启动界面

如图 3.2 所示，LabVIEW 2016 启动后，界面左边"创建项目"按钮用于创建一个新的工程项目。图中右边"打开现有文件"按钮可打开已创建的现有文件，按钮下方主要列出了所有近期文件、近期项目、近期 VI 等，直接单击名称可快速打开。

图 3.2　LabVIEW 2016 启动后界面

用户一般从启动窗口中选择"文件"/"新建（N）"选项，即可进入 LabVIEW 2016 开发环境，如图 3.3 所示。

图 3.3　LabVIEW 2016 新建界面

打开已有文件或创建文件以后，启动窗口会自动消失；关闭所有已打开的程序后，启动窗口会再次出现。在程序运行中，可以通过前面板或程序框图窗口的菜单栏中选择"查看"/"启动窗口"显示启动窗口。

3.2　LabVIEW 2016 菜单栏

要熟练地使用 LabVIEW 2016 工具编写程序，首先需要了解其编程环境。在 LabVIEW 2016 中，菜单栏是编程环境的重要组成部分，如图 3.4 所示。

| 文件(F) | 编辑(E) | 查看(V) | 项目(P) | 操作(O) | 工具(T) | 窗口(W) | 帮助(H) |

图 3.4　LabVIEW 2016 菜单栏

1. "文件（F）" 菜单

LabVIEW 2016 的文件菜单几乎包括了程序操作的所有命令，如图 3.5 所示。下面依次介绍其功能。

（1）新建 VI：创建一个空白的 VI 程序。

（2）新建：打开"新建 VI"对话框，可以选择新建空白 VI，也可以根据需要选择模板创建 VI 或者创建其他类型的 VI。

（3）打开：打开一个 VI。

（4）关闭：关闭当前 VI。

（5）关闭全部：关闭打开的所有 VI。

（6）保存：保存当前编辑过的 VI。

（7）另存为：另存为其他路径或名称的 VI。

（8）保存全部：保存当前打开的所有 VI。

（9）保存为前期版本：可以保存修改前的 VI。

（10）还原：当打开错误时可以还原 VI。

（11）新建项目：新建项目文件。

（12）打开项目：打开已有的项目文件。

（13）保存项目：保存项目文件。

（14）关闭项目：关闭项目文件。

（15）页面设置：设置打印当前 VI 的一些参数。

（16）打印：打印当前 VI。

（17）打印窗口：可以对打印参数进行相关设置。

（18）VI 属性：查看和设置当前 VI 的一些属性。

（19）近期项目：查看最近打开过的项目。

（20）近期文件：查看最近打开过的文件菜单。

（21）退出：退出 LabVIEW 2016 开发环境。

2. "编辑（E）" 菜单

编辑菜单中列出了几乎所有对 VI 及其组件进行编辑的命令，如图 3.6 所示。下面详细介绍一些重要的编辑命令。

（1）撤销窗口移动：用于撤销上一步操作，恢复到上一次编辑之前的状态。

（2）重做：执行与撤销相反的操作，执行上一次撤销所做的修改。

（3）剪切：删除选定的文本、控件或者其他对象，并将其放到剪贴板中。

（4）复制：用于将选定的文本、控件或者其他对象复制到剪贴板中。

（5）粘贴：用于将剪贴板中的文本、控件或者其他对象从剪贴板中放到当前光标位置。

（6）删除：删除当前选定的文本、控件或者其他对象。

（7）当前值设置为默认值：将当前前面板上对象的值设定为该对象的默认值，这样当下一次打开该 VI 时，该对象将被赋予该默认值。

图 3.5 文件菜单

图 3.6 编辑菜单

（8）重新初始化为默认值：将前面板上对象的取值初始化为原来默认值。

（9）自定义控件：可以自己定义控件。

（10）导入图片至剪贴板：用来从文件中导入图片。

（11）设置 Tab 键顺序：可以设定用 Tab 键切换前面板上对象的顺序。

（12）删除断线：用于除去 VI 程序框图中由于连线不当造成的断线。

3. "查看（V）"菜单

查看菜单包括了程序中所有与显示操作有关的命令，如图 3.7 所示。下面详细介绍一些重要的命令。

（1）控件选板：显示 LabVIEW 2016 的控件选板。

（2）函数选板：显示 LabVIEW 2016 的函数选板。

（3）工具选板：显示 LabVIEW 2016 的工具选板。

（4）快速放置：可以生成放置列表进行快速选择。

（5）断点管理器：对程序中的断点进行设置。

（6）VI 层次结构：显示该 VI 与调用的子 VI 之间的层次关系。

（7）浏览关系：浏览程序中所使用的所有 VI 之间的相对关系。

（8）类浏览器：浏览程序中使用的所有类。

4. "项目（P）"菜单

项目菜单包括了所有与项目操作有关的命令，如图 3.8 所示。下面详细介绍一些重要的命令。

（1）新建项目：新建一个项目文件。

（2）打开项目：打开一个已有的项目文件。

（3）保存项目：保存当前项目文件。

（4）关闭项目：关闭当前项目文件。

（5）添加至项目：将 VI 或其他文件添加到现有的项目文件中。

（6）属性：显示当前项目属性。

图 3.7　查看菜单

图 3.8　项目菜单

5. "操作（O）"菜单

操作菜单中包括了对 VI 操作的基本命令，如图 3.9 所示。下面介绍操作菜单中相关命令的使用方法。

（1）运行：运行当前 VI 程序。

（2）停止：中止当前 VI 程序运行。

（3）单步步入：单步执行进入程序单元。

（4）单步步过：单步执行完成程序单元。

（5）单步步出：单步执行之后跳出程序。

（6）调用时挂起：当 VI 被调用时，挂起程序。

（7）结束时打印：当 VI 运行结束后打印该 VI。

（8）结束时记录：当 VI 运行结束后，记录运行结果到记录文件。

（9）数据记录：设置记录文件的路径。

（10）切换至运行模式：切换到运行模式。

（11）连接远程前面板：设置与远程的 VI 连接或通信。

6. "工具（T）"菜单

工具菜单中包含了进行编程的所有工具，如图 3.10 所示。下面介绍工具菜单中相关命令的使用方法。

（1）Measurement & Automation Explorer：打开 MAX 程序。

（2）仪器：可以选择连接 NI 的仪器驱动网络，或者导入 CVI 仪器驱动程序。

（3）比较：比较两个 VI 的不同之处。如果两个 VI 非常相似，却又比较复杂，用户想要找出两个 VI 中的不同之处时，可以使用此项功能。

（4）合并：将多个 VI 或 LLB 程序合并在一起。

（5）性能分析：可以查看内存及缓存状态，并对 VI 进行统计。

（6）安全：可以设置密码保护措施。

（7）通过 VI 生成应用程序（EXE）：可以产生编辑的程序的相关信息。

（8）源代码控制：设置和进行源代码的高级控制。

（9）LLB 管理器：对库文件进行新建、复制、重命名、删除及转换等操作。

（10）分布式系统管理器：对本地硬盘上的分布式系统和网络上的分布式系统综合管理。

（11）Web 发布工具：可以将程序发布到网络上。

（12）高级：对 VI 操作的高级工具。

（13）选项：设置 LabVIEW 及 VI 的一些属性和参数。

图 3.9　操作菜单　　　　　　　　　图 3.10　工具菜单

7.“窗口（W）”菜单

利用窗口菜单可以打开各种窗口，如前面板窗口、程序框图窗口及导航窗口等，如图 3.11 所示。这里对相关命令的功能不再赘述。

8.“帮助（H）”菜单

LabVIEW 2016 提供了功能强大的帮助功能，集中体现在它的帮助菜单上，如图 3.12 所示。下面详细介绍帮助菜单中相关命令的使用。

（1）显示即时帮助：打开即时帮助窗口，鼠标放在控件或函数上时会提示该对象的作用或函数的使用说明信息。

（2）锁定即时帮助：可以将即时帮助固定在前面板或程序框图中。

（3）LabVIEW 帮助：打开 LabVIEW 帮助文档。

（4）解释错误：输入错误代码可以知道该错误的原因。

（5）查找范例：查找 LabVIEW 开发环境中带有的所有范例。

（6）网络资源：在 NI 公司的官方网站查找程序的帮助信息。

（7）专利信息：显示 NI 公司所有的相关专利。

图 3.11　窗口菜单

图 3.12　帮助菜单

3.3　LabVIEW 2016 工具栏

1. 前面板工具栏

在编辑前面板时，可以通过界面上方工具栏上的工具按钮快速访问一些常用的程序功能。编辑状态下的前面板工具栏如图 3.13 所示。

图 3.13　前面板工具栏

下面详细介绍各个按钮的功能。

（1）运行：单击该按钮可运行当前 VI，运行中该按钮变为 ，如果按钮变为 ，表示当前 VI 中存在错误，无法运行，单击此按钮即可弹出对话框，显示错误原因。

（2）连续运行：单击此按钮可重复连续运行当前 VI。

（3）中止执行：当 VI 运行时，此按钮变亮，单击此按钮中止当前 VI 运行。

（4）暂停：单击此按钮可暂停当前 VI 的运行，再次单击继续运行。

（5）文本设置：对选中文本的字体、大小、颜色、风格、对齐方式等进行设置。

（6）对齐对象：用于将前面板或框图上的多个选中对象在某一规则下对齐。可用的对齐方式如图 3.14 所示。

（7）分布对象：用于改变多个被选中对象的分布方式，具体分布方式如图 3.15 所示。

（8）调整对象大小：使用不同方式对选中的若干前面板控件的大小进行调整，也可精确指定某控件的尺寸，具体如图 3.16 所示。

（9）重新排序：用于组合对象、锁定对象位置以及改变对象纵深层次和叠放次序，具体如图 3.17 所示。

图 3.14　对齐对象

图 3.15　分布对象

图 3.16　调整对象大小

图 3.17　重新排序

2. 程序框图工具栏

程序框图中的工具栏包括许多与前面板工具栏相同的按钮，如图 3.18 所示。下面仅介绍与前面板工具栏不同的按钮。

图 3.18　程序框图工具栏

（1）高亮显示执行过程：单击该按钮，当变为💡后，VI 运行时变慢，可观察到数据流在框图中的流动过程，这对初学者理解数据流运行方式很有帮助。

（2）保存连线值：单击该按钮，当 VI 运行后为各条连线上的数据保留值，可用探针直接观察数据值。

（3）单步进入：调试时使程序单步进入循环或者子 VI，允许进入节点。一旦进入节点，就可在节点内部单步执行。

（4）单步跳过：单步跳过节点，即单步执行时不进入节点或子 VI 内部而有效地执行节点。

（5）单步跳出：单步进入某循环或者子 VI 后，单击此按钮可使程序执行完该循环或者子 VI 剩下的部分并跳出。

（6）整理程序框图：对整个程序框图按照默认分布重新整理。

3.4 LabVIEW 2016 选板

选项板是应用 LabVIEW 开发环境开发项目最有利的帮手。在 LabVIEW 中主要有三种选项板，分别是"控件选板""函数选板"和"工具选板"。

3.4.1 控件选板

注意：只有打开前面板时才能调用该选板。

"控件"选板用来给前面板放置各种所需的输出显示对象和输入控件对象。每个图标代表一类子模板。如果控件选板不显示，可以用"查看"菜单的"控件选板"功能打开它，也可以在前面板的空白处，点击鼠标右键，弹出控件选板。控件选板有多种可见类别和样式，读者可以根据自己的需要来选择，控件选板中常用控件有"新式""银色""系统"和"经典"四种显示风格。控件选板如图 3.19 所示。

"新式"控件选板中各子模板的功能如表 3.1 所示。

图 3.19　控件选板

表 3.1　新式控件选板功能表

序号	图标	子模板名称	功　能
1		数值	数值的控制和显示。包含数字式、指针式显示表盘及各种输入框
2		布尔	逻辑数值的控制和显示。包含各种布尔开关、按钮以及指示灯等
3		字符串和路径	字符串和路径的控制和显示

序号	图标	子模板名称	功 能
4		数组和簇	数组和簇的控制和显示
5		列表和表格和树	列表和表格和树的控制与显示
6		图形	显示数据结果的趋势图和曲线图
7		下拉列表与枚举	下拉列表与枚举的控制和显示
8		容器	使用容器控件组合其他控件
9		输入/输出功能	输入/输出功能。用于操作 OLE、ActiveX 等
10		变体与类	使用变体与类控件来与变体和面向对象进行数据交互
11		修饰	使用修饰图形化组合或分隔前面板对象
12		引用句柄	可用于对文件、目录、设备和网络连接等进行操作

3.4.2 函数选板

注意：只有打开了程序框图窗口，才能出现此选板。

函数选板如图 3.20 所示。函数选板是创建流程图程序的工具，其工作方式与控件选板大体相同。函数选板由表示子选板的顶层图标组成，该选板包含创建程序框图时可使用的全部对象，只能在编辑程序框图时使用。如需显示函数选板，可选择"查看"菜单中的"函数选板"选项或者在程序框图的空白处点击鼠标右键弹出"函数选板"。

图 3.20 函数选板

最常见且函数最全的选板是"编程"，该选板中的函数及其功能如表 3.2 所示。

表 3.2 "编程"选板功能表

序号	图标	子模板名称	功　能
1		结构	包括程序控制结构命令，例如循环控制等，以及全局变量和局部变量
2		数值	包括各种常用的数值运算，还包括数制转换、三角函数、对数、复数等运算，以及各种数值常数
3		布尔	包括各种逻辑运算符以及布尔常数
4		字符串	包含各种字符串操作函数，数值与字符串之间的转换函数，以及字符（串）常数等
5		数组	包括数组运算函数，数组转换函数，以及常数数组等
6		簇、类与变体	包括簇的处理函数，以及群常数等。这里的群相当于 C 语言中的结构
7		比较	包括各种比较运算函数，如大于、小于、等于
8		定时	提供时间计数器，时间延迟，获取时间日期，设置时间标志常量等
9		对话框与用户界面	提供对话框，错误处理机制，前面板管理，事件管理，光标和菜单等
10		同步	提供通知器操作、队列操作、信号量和首次调用等
11		文件 I/O	包括处理文件输入/输出的程序和函数
12		波形	各种波形处理工具
13		应用控制	提供外部程序或 VI 调用等功能
14		图形与声音	用于 3D 图形处理，绘图和声音处理
15		报表生成	提供生成各种报表和简单打印 VI 前面板或说明信息等

3.4.3　工具选板

工具选板是特殊的鼠标操作模式，使用工具选板可完成特殊的编辑功能，这些工具的使用类似于标准的画图程序工具，如图 3.21 所示。如果启动 LabVIEW 2016 后并未显示工具选板，可通过选择"查看"菜单中的"工具选板"选项或者按住"Shift"键再用鼠标单击选板空白处来显示工具选板。光标对应于选板上所选择的工具图标，可选择合适的工具对前面板或者程序框图上的对象进行操作和修改。

使用浮动的工具选板中的定位工具可创建、修改和调试 VI。使用自动选择工具可以提高

VI 的编辑速度。如果自动选择工具已经打开，自动选择工具指示灯会呈现高亮状态，当光标移到前面板或程序框图的对象上时，LabVIEW 将自动从工具选板中选择相应的工具。如需取消自动选择工具功能，可以单击工具选板上的"自动选择工具"按钮，指示灯呈现灰色状态，表示自动选择工具功能已经关闭。按"Shift"＋"Tab"组合键或单击"自动选择工具"按钮，可重新打开自动选择工具功能。工具选板的可选工具与功能如表 3.3 所示。

图 3.21　工具选板

表 3.3　工具选板功能表

序号	图标	名称	功　能
1		操作工具	用于操作前面板的控制和显示。使用它向数字或字符串控件中输入值时，工具会变成标签工具
2		定位工具	用于选择、移动或改变对象的大小。当它用于改变对象的连框大小时，会变成相应形状
3		标签工具	用于输入标签文本或者创建自由标签。当创建自由标签时它会变成相应形状
4		连线工具	用于在流程图程序上连接对象。如果联机帮助的窗口被打开时，把该工具放在任一条连线上，就会显示相应的数据类型
5		对象快捷键	用鼠标左键可以弹出对象的弹出式菜单
6		滚动窗口	使用该工具就可以不使用滚动条而在窗口中漫游
7		断点操作	在 VI 的流程图对象上设置断点
8		探针工具	可在框图程序内的数据流线上设置探针。通过探针窗口来观察该数据流线上的数据变化状况
9		复制颜色	用于提取颜色以用于编辑其他对象
10		着色工具	用于给对象定义颜色。它也能显示出对象的前景色和背景色

3.5   LabVIEW 2016 帮助

LabVIEW 的帮助系统为不同的用户提供了详尽的、全面的帮助信息和编程范例。利用这些帮助信息有助于用户快速获取所需的帮助，掌握 LabVIEW 程序开发。这些帮助信息形式多样，内容丰富，主要包括显示即时帮助、LabVIEW 帮助、查找范例以及网络资源等。

3.5.1   显示即时帮助

显示即时帮助是 LabVIEW2016 提供的实时快捷帮助窗口，即时帮助信息对于 LabVIEW 2016 初学者来说是非常有用的。

选择菜单栏中的"帮助"下的"显示即时帮助"选项，即可弹出即时帮助窗口。如果用户需要获得 VI、节点或控件的帮助信息，只需将鼠标移动到相关的 VI、节点或控件上面，即时帮助窗口将显示其基本的功能说明信息。默认的"即时帮助"窗口显示的是"加"节点的帮助信息，如图 3.22 所示。

图 3.22   即时帮助窗口

3.5.2   LabVIEW 帮助

如果用户找不到相关的控件或函数，可以利用 LabVIEW 帮助。LabVIEW 帮助是一个 Windows 标准风格的窗口，其操作简单快捷，它包含了 LabVIEW 全部详尽的帮助信息。选择菜单栏中的"帮助"下的"LabVIEW 帮助"选项，即可弹出如图 3.23 所示的 LabVIEW 帮助对话框。

图 3.23   LabVIEW 帮助对话框

LabVIEW 帮助包含 LabVIEW 编程理论、编程分步指导以及 VI、函数、选板、菜单和工具等参考信息。通过窗口左侧的目录、索引和搜索可浏览整个帮助系统，用户可以方便地查找到自己感兴趣的帮助信息。

在 LabVIEW 的编程过程中，如果用户想获取某个 SubVI 或者函数节点的帮助信息，可以在目标 SubVI 或者函数节点上单击鼠标右键弹出快捷菜单，通过选择快捷菜单上的"帮助"功能选项可以打开 LabVIEW 帮助窗口，在这个窗口上即可获取到该目标 SubVI 或者函数节点相关的帮助信息。

3.5.3　查找范例

LabVIEW 范例包含了 LabVIEW 各个功能模块的应用实例，对于初学者来说，认真学习范例，借鉴 LabVIEW 提供的典型范例无疑是一个快速学习 LabVIEW 的好方法。在启动界面上，选择菜单栏"帮助"下的"查找范例"选项，即可打开如图 3.24 所示的"NI 范例查找器"对话框。

图 3.24　NI 范例查找器

"NI 范例查找器"中有"任务"和"目录结构"两种浏览方式可供用户浏览、查找 LabVIEW 范例。另外，用户可以使用"搜索"功能查找感兴趣的例程，同时也可以向 NI Developer Zone 提交自己编写的程序作为例程与其他用户共享代码。

在 LabVIEW 的学习过程中，读者应该充分利用这些 LabVIEW 自带例程。这些例程编程规范，编程思路活跃，通过学习、借鉴这些例程可以帮助读者事半功倍地掌握 LabVIEW 的编程方法。

在 LabVIEW 的应用程序开发过程中，用户只要对一些相关的例程进行部分修改后，就可以直接应用到自己的 VI 中，这样可以大大减少设计工作量，提高开发效率。

3.5.4　网络资源

LabVIEW 网络资源包括 LabVIEW 论坛、培训课程，以及 LabVIEW Zone 等。在启动界面下，单击菜单栏"帮助"下的"网络资源"选项，即可链接到 NI 公司的官方网站（http://www.ni.com/LabVIEW/zhs/），该网站提供了大量的网络资源和相关链接。值得一提的是 LabVIEW Zone，在这个论坛上用户可以提问，可以发表看法，可以与全世界的 LabVIEW 用户交流 LabVIEW 编程心得。另外一个值得关注的是 Knowledge Base，这上面几乎包括了所有常见的问题解答。

3.6　VI 的创建

读者在熟悉 LabVIEW 编程环境的基础上，下一步就可以开始进入 VI 的具体学习了。在启动窗口中选择菜单栏的"文件"下的"新建 VI"，即可新建一个空白的 VI 程序，此时系统将自动显示 LabVIEW 的前面板工作界面，如图 3.25 所示。在该面板中可以添加所需要的控件对象。下面分别从前面板、程序框图和图标三个部分详细讲解 LabVIEW 程序的创建。

图 3.25　VI 前面板

3.6.1　前面板的创建

在前面板窗口中，用户可以添加所需要的任何数据类型的输入控件和显示控件。从控件选板中选择好所需的输入或显示控件，单击鼠标左右任何一个键，即可将所选的控件置于前面板窗口工作区。在已经添加到前面板窗口工作区的控件上单击鼠标右键，即可弹出该控件的快捷菜单选择项目，根据该菜单选择项目可以对该控件的参数进行相应配置。图 3.26 为一个数值显示控件的快捷菜单，后面有省略号的表示点击该选项会弹出相应的对话框。需要注意的是不同的控件，其快捷菜单中的选择项目也是不同的。控件的右键快捷菜单主要选项及功能如表 3.4 所示。

图 3.26　控件的右键快捷菜单

表 3.4　控件的右键快捷菜单主要选项及功能表

菜单选项	功　能　说　明
显示项	在前面板中显示或隐藏的项，如标签、标题等
查找连接线	查找该控件在程序框图窗口中对应的连线端
转换为输入控件	将该输入（显示）控件转换为显示（输入）控件
说明和提示	为该控件添加或修改说明和提示信息
创建	为该控件创建变量、引用、节点等
替换	从弹出的控件选板中选择一个控件替换该控件
数据操作	对数据进行操作，如设置默认值、复制、剪切等
高级	自定义该控件、快捷菜单等操作
将控件匹配窗格	调整控件大小以与窗格匹配
根据窗格缩放控件	根据窗格调整控件大小
表示法	设置数据的表示精度，有单精度、双精度、整型等
属性	对控件所有属性进行设置，如外观、显示格式等

　　除了必要的输入和显示控件外，还可以在前面板窗口中添加辅助性的注释文字。使用过文本语言编程的读者都知道，在编写程序时往往在一些语句或程序段中增加一些文本注释行来解释程序的功能，这样可以增加程序的可读性。同样，在 LabVIEW 图形化编程中适当添加文字注释也非常必要。在前面板或程序框图中添加注释比较简单，双击任意位置然后直接输入注释文件即可，如图 3.27 所示。

图 3.27　注释文本的添加

3.6.2　程序框图的创建

创建前面板后，前面板窗口中的控件在程序框图中对应为接线端。在前面板窗口的菜单栏中选择"窗口"下的"显示程序框图"即可切换到程序框图界面，也可以用快捷键"Ctrl" + "E"进行相应切换。用鼠标右键单击程序框图空白处就会弹出函数选板，从该选板中可以选择或添加所需要的函数对象、编辑对象等各种与编程有关的函数对象。

在程序框图中添加节点对象的方法与在前面板中添加控件的方法类似。从函数选板中选择相应的节点对象放置于程序框图中，同样也可以对节点进行相关操作，用鼠标右键单击节点对象将会弹出如图 3.28 所示的快捷菜单。需要注意的是，不同的函数节点其右键快捷菜单的选项也是不一样的。这些快捷菜单选项功能可以参照控件的右键快捷菜单选项功能对照学习，这里不再赘述。

3.6.3　图标的创建

图 3.28　数值节点的右键快捷菜单选项

创建 VI 图标就是使用图标编辑器对 VI 图标进行编辑。在前面板和程序框图的右上角有一个系统的默认图标，双击该图标即可弹出图标编辑器对话框，或者鼠标右键该图标，从弹出的快捷菜单中选择"编辑图标"选项，也会弹出图标编辑器对话框，如图 3.29 所示。在图标编辑器中，即可使用图标编辑工具设计修改图标。

图 3.29　图标编辑器对话框

利用图标编辑器编辑自己喜欢的图标，既简单又灵活，图标编辑的步骤大致如下：

步骤一：选择菜单栏中的"编辑"下的"清除所有"选项，即可清除工作区的所有图形，再在空白工作区编辑图标。

步骤二：在图标编辑工具中单击"线条颜色"或"填充颜色"，即可弹出颜色选板，供用户选择喜欢的颜色来应用。

步骤三：使用画笔、直线、填充、矩形等文本工具和选择模板、图标文本、符号和图层等相关内容，来编辑自己喜欢的图标。

步骤四：图标编辑完成以后，单击图标编辑器右下角的"确定"按钮，即可保存自己编辑好的图标。

3.7 VI 的编辑

在创建 VI 之后，需要通过定制前面板对象的外观、连接程序框图中的函数等方法进行具体编辑。下面将对选择、移动、复制、删除、对齐和分布对象等各种具体方法进行介绍。

3.7.1 选择对象

选择对象时必须使鼠标处于工具选板中的"定位工具"状态下。调出工具选板的方法是从菜单栏中选择"查看"下的"工具选板"选项，如图 3.30 所示，工具选板的具体内容前面已经讲解过，在此不再重复。从工具选板中用鼠标选择定位工具即可。

图 3.30　工具选板

在默认状态下，系统一般使用的是"自动选择工具"功能，在进行对象选择时会自动切换为所需的工具，不必手动切换到"定位工具"功能下。

当鼠标位于定位工具状态下之后，要选择单个对象，只需用鼠标单击该对象选中即可。如果需要选中多个对象，或者框图上的一块程序区域，可以用以下两种方法：

（1）用鼠标单击某处后，自由拖拽出一块矩形区域，将待选区域或待选对象包括在其中即可。此种方法简单快捷，尤其适合选择框图上的大块连续程序区域，或者位于连续区域内的多个对象。

（2）用鼠标单击某个对象选中后，按住"Shift"键，再选择其他待选择的对象、连线或程序体，就可添加到所选区域中。此种方法多用于对多个对象的精确选择，或者对位于非连续区域内的多个对象的选择。若对已选对象按住"Shift"键再单击一次，即可从所选区域中删除。

已经选中的对象周围会出现虚线，表示该对象已经进入所选集合。如果要取消已选区域，直接单击前面板或框图上的任何空白区域，或者直接进行新的选择即可。

3.7.2　移动对象

移动某对象或某区域的基本方法是：首先选中该对象或区域，然后用鼠标点中其中的一部分不放，直接进行拖动，直到所需停下的新位置为止。拖动过程中该对象或区域的轮廓会以虚线形式跟随鼠标移动，以帮助用户判断相对位置。

如果鼠标拖动之前先按住"Shift"键，再进行拖动，可以使得拖动方向严格限制在水平方向或者垂直方向上，这对于需要严格控制方向时的移动非常实用。

用键盘上的方向键也可以进行移动，在选中对象或区域后，按下键盘的"↑""↓""←""→"键即可分别进行上下左右四个方向上的移动，但移动速度较慢，是以像素为单位进行移动的，若需以较快速度移动，可以按住"Shift"键后进行移动，直到松开该键为止。

如果想在当前移动完成之前取消本次移动过程，可以将该对象或区域一直拖到所有已打开窗口之外并且虚线区域消失，然后释放鼠标即可。当然，如果移动过程已经完成，也可以使用菜单栏中的"编辑"下的"撤销移动"选项，或者使用"Ctrl"＋"Z"快捷键，取消上一次移动过程。

3.7.3　复制和删除对象

复制对象可沿用 Windows 系统下的传统方法：选中对象后，使用"Ctrl"＋"C"快捷键或者菜单栏中的"编辑"下的"复制"选项，将对象信息复制到 Windows 剪贴板中，然后在待复制处使用"Ctrl"＋"V"快捷键或菜单栏中的"编辑"下的"粘贴"选项进行粘贴。

如果在同一个 VI 中使用该方法进行复制，所复制的新对象名会以原对象标签名为基础自动递增数字序号为默认名，例如原对象标签名为"字符串"，则新对象名为"字符串 2""字符串 3"等。当然，也可以按照需要将新对象进行重新命名，只需双击其标签进入名称编辑状态并键入新名称即可，也可以右键对象，在弹出的快捷菜单中选择"属性"选项，在弹出的对话框中选择"外观"下的"标签"选项进行编辑修改即可。如果在不同的 VI 之间进行复制，且目标 VI 中没有同名标签，则该对象的新标签名与原标签名相同，否则也会与前面一样自动改变名称。

另一种与复制对象操作过程非常相似的方法是克隆对象。克隆对象的基本方法是：选中待克隆对象后，按住"Ctrl"键，同时拖动对象到空白的目标区域，然后释放鼠标，就可得到原对象的复制品。

克隆对象与复制对象在大部分情况下效果相同，但是在对程序框图内的局部变量和属性节点进行操作时有所不同。克隆操作只产生该局部变量或属性节点的完全相同的副本，而复制操作会产生一个新的前面板控件（输入控件或显示控件），并产生与该控件相对应的局部变量或属性节点。因此，如果只想复制局部变量或属性节点而不产生新的控件，直接用复制的操作是不可行的，只能使用克隆操作实现。

删除对象时，只需选中待删除的对象，按下"Delete"键或"Backspace"键即可，或者执行菜单项中的"编辑"/"删除"选项，就可进行删除操作。

当前面板上的输入控件或显示控件，或者框图上的端子被删除后，它在该 VI 中对应的局部变量也会因为失去源变量而不可用，表现为其图标中央的名称变为问号，这时需要重新指定到其他源变量，或者将其删除，否则 LabVIEW 环境会认为存在语法错误，不执行该 VI。

对于属性节点和全局变量，也有类似的情况。在源变量被删除后，其他引用该变量的地方都会变为不可用，因此，往往需要多处手工指定新的源变量或进行删除。

在框图中删除某块程序时，除了依照上述类似方法进行删除外，还需注意以下几点：

（1）如果选中某个程序结构（如循环结构、条件结构、顺序结构、事件结构等）后直接进行删除，会将该程序结构体内的所有代码与该结构一起删除。

（2）如果只想删除结构体内的代码，需要在结构体内选择然后删除，切勿选中结构体本身。

（3）如果想保留结构体内代码而删除结构本身，需要在结构边缘上单击鼠标右键，从弹出的快捷菜单中选择"删除***结构"之类的删除命令进行删除。

3.7.4　对齐和分布对象

使用鼠标和键盘手动移动对象往往不够精确，不能达到理想的效果，这时可以使用工具栏上的对齐对象工具和分布对象工具，来精确调整多个对象之间的位置。

对齐对象工具用于将多个对象沿边缘或者中线对齐。单击工具栏上的对象工具，就可以调出该选板，如图 3.31 所示。图中包含了 6 个子工具，分别为上边缘对齐、水平中线对齐、下边缘对齐、左边缘对齐、垂直中线对齐、右边缘对齐等，可分别实现不同形式的对齐效果。各个子工具的图标也是非常形象，有助于记忆和阅读。使用时，先选中需要对齐的多个对象，然后调出选板，选择所需对齐效果即可。

分布对象工具用于精确均匀地调整多个对象之间的间距。分布对象工具选板紧邻对齐对象工具，同样，单击就可调出该选板，如图 3.32 所示。图中包含了 10 个子工具，分别为按上边缘等距分布、按垂直中心等距分布、按下边缘等距分布、垂直间距等距分布、垂直压缩零距离分布、按左边缘等距分布、按水平居中等距分布、按右边缘等距分布、水平方向等间隔分布、水平压缩零距离分布等。使用方法与对齐工具相同，选中多个对象后，再选择调用所需的分布效果即可。

图 3.31　对齐对象工具选板

图 3.32　分布对象工具选板

3.7.5 调整对象大小

前面板上对象的大小需要调整时，可以使用鼠标手动调整，基本方法为：在鼠标处于定位工具状态下时，将鼠标放在对象边缘或四角，当对象周围出现小的方形手柄（对于矩形对象）或者圆形手柄（对于圆形对象）且鼠标变为双箭头时，在所需方向进行适当地拖拽，到所需尺寸大小后释放鼠标就可调整成功。

上述方法每次只能对单个对象大小进行调整，如果需要将多个对象的大小严格进行调整，就需要使用工具栏上的调整对象大小工具。单击工具栏上的调整对象大小工具，调出该选板，如图 3.33 所示。图中包括调至最大宽度、调至最大高度、调至最大宽度和高度、调至最小宽度、调至最小高度、调至最小宽度和高度、使用对话框精确指定宽度和高度七个工具，可分别实现不同形式的调整大小效果。

使用方法与对齐工具相同，选中多个对象后，再选择调用所需调整大小效果即可。在前面板对象的右键快捷菜单中，还有两个调整大小的选项，分别为"将控件匹配窗格"和"根据窗格缩放对象"。下面简单介绍这两个选项的应用。

（1）将控件匹配窗格：在前面板对象上单击鼠标右键，可以看到该选项，可使该控件的大小与当前前面板相同，完全充满前面板。

（2）根据窗格缩放对象：使对象自动跟随前面板大小的改变按比例进行缩放，一个前面板中只能有一个对象被勾中该选项。勾中后，该对象周围会出现水平和垂直方向的灰色延长线，这些延长线将整个前面板划分为若干区间，区间内的其他对象在前面板大小改变时，会依照与这些延长线的相对位置自动改变尺寸和位置，以保持整个面板上各个对象比例和位置相协调。

图 3.33　调整对象大小工具选板

图 3.34　重新排序选板

3.7.6 重新排序

前面板上对象一般情况下为分开排列的，但是有时需要重叠前面板上的控件以产生特殊显示效果，这时可以使用前面板工具栏中的重新排序工具进行调整。重新排序工具选板在调整对象大小工具选板旁边，单击鼠标即可调出该选板，如图 3.34 所示。

下面详细介绍该选板中各个子工具的功能。

（1）组：将多个对象捆绑在一起，被组合后的各个对象之间的大小比例和相对位置总是固定的，因此组合后的组合体可以作为一个整体进行移动或者调整大小。这在需要固定多个位置紧邻的对象之间的距离，或者将功能相似的一组对象捆绑在一起时非常有用。组合关系可以分级多层组合，例如先将一组按钮使用一次组合命令组合为一个组合体，然后将一组字符串控件使用一次组合命令组合为一个组合体，再将这两个组合体使用一次组合命令组合为一个新的组合体。

（2）取消组合：取消组合体中的组合关系。在取消分级组合时也需多次调用取消组合命令。

（3）锁定：固定对象或组合体在前面板的位置。在用户已经编辑好某些对象或组合体的外观和位置后，不希望误删除或误移动时，可以调用该命令进行锁定。锁定之后的对象或组合体不能被删除，也不能被移动。即使对象启用了"根据窗格缩放对象"功能也不遵循位置相对移动规则，除非使用"解锁"工具解除锁定。

（4）解锁：解除锁定的对象或组合体的锁定关系。

（5）向前移动：把选中的对象在重叠的多个对象中向前移动一层。

（6）向后移动：把选中的对象在重叠的多个对象中向后移动一层。

（7）移至前面：把选中的对象移到最前层。

（8）移至后面：把选中的对象移到最后层。

3.7.7　修改对象外观

框图上的对象外观一般不需要改变，按默认的标准方式易于阅读即可。但如果前面板作为与用户交互的窗口时，其上的各个对象外观往往需要精心修改和编辑，以实现最为美观且便于使用的用户界面。下面将介绍如何对前面板上对象的标签、颜色和字体等主要用户界面元素进行修改和编辑。

1. 标签的编辑方法

标签是用于标识对象或者注释说明的文本框。前面板和程序框图上的每一个对象（包括输入控件、显示控件、子 VI、函数、结构等）都含有固定标签，可以通过勾选右键快捷菜单的"显示项"来选择是否显示标签。

除了子 VI 的标签名与 VI 文件名相同且不可更改外，其他对象的标签名都可以修改。从工具选板中选择"编辑文本"工具，然后在标签上单击鼠标；或者在"自动选择工具"状态下，在标签上直接双击鼠标；或者右键该对象，在弹出的快捷菜单中选择"属性"选项，都能进入标签编辑状态，再键入新的标签名，最后按回车键确认保存就可完成修改。

在 LabVIEW 中，输入控件和显示控件的标签名就是其变量名，在局部变量和属性节点对其引用时，也会沿用其变量名。虽然同一个 VI 中允许变量名重名，LabVIEW 会自动区分重名的变量而不产生语法错误，但是重名变量十分容易混淆，为编程带来了不便的影响，因此在编程过程中尽量避免重名现象。

除了用以标识对象的固定标签外，还有一类用于添加注释说明信息的自由标签，该类标签不与任何对象联系，只起注释作用。

自由标签的创建方法是：用鼠标选择工具选板中的编辑文本工具，或者直接用鼠标双击前面板或程序框图空白处，然后键入所需加注的信息即可。

前面板上的自由标签一般用于向用户提示操作信息或作简单说明。程序框图中的自由标签则一般用于添加程序注释，以便日后程序维护和升级时阅读。

2. 颜色的修改方法

除了框图端子、函数、子 VI 和连线外，LabVIEW 中的其余大部分对象，以及前面板和程序框图的空白区域都可以更改颜色，以创建丰富多彩的外观。

更改对象颜色时需要用到工具选板上的"设置颜色"工具和"获取颜色"工具。着色工具面板上的两个方块显示了当前前景色和背景色，用鼠标点击后可以调出调色板，如图 3.35 所示。用鼠标在其中选择所需颜色即可。

图 3.35　工具选板的调色板

在调色板左下角的预览窗口可以即时显示颜色效果。调色板的第一行为灰度色谱，仅有灰度区分而无色彩，右上角为透明，即无色，对象的某部分被设为透明色后将显示出下一层对象或背景的颜色；第二层和第三层分别为柔和色谱和明亮色谱，建议分别用于界面控件和高亮提醒的着色。调色板右下角的按钮单击后可弹出新的颜色调配对话框，用于精确设置用户所需的颜色。

选择好前景色和背景色后，在"设置颜色"工具状态下，直接单击对象或对象的某部分即可完成着色。工具选板上的"获取颜色"工具可用来获取对象的前景色和背景色，在该工具状态下，用鼠标直接单击需要获取的对象，获得的前景色和背景色将显示在着色工具的颜色方框内，可用来设置其他对象的颜色。"获取颜色"工具和"设置颜色"工具通常配合使用以精确设置多个对象为相同的前景色和背景色。

3. 字体的修改方法

前面板和程序框图上的所有文本都可以进行颜色、大小和字体的修改设置，这些修改设置可以通过工具栏上的"文本设置"菜单进行。使用时，只需先选中需要更改字体大小的文本，然后单击工具栏上的"文本设置"下拉列表，从弹出的文本设置菜单中选择相应功能即可。

在字体菜单中，当前字体的大小和名称显示在列表框中，第一个菜单项"字体对话框"可用来通过对话框形式全面设置字体的各种属性。应用程序字体、系统字体和对话框字体为 LabVIEW 中预定义的字体，可用来保证在不同平台之间移植程序时字体尽量相似。大小、样式、调整、颜色等菜单项均含有下一级子菜单，可分别用来设置字体的大小、样式、对齐形式和颜色。最下方列出了本操作系统中所有已安装的字体，可供用户选择。

3.7.8 连 线

LabVIEW 程序是以数据流形式组织的，每一个 VI 框图中的各个对象需要通过线段连接起来，以保证数据的正常流动。根据数据流原理，数据流只能由输出端流向输入端，因此两个输入端或两个输出端都是无法连接的。对象的连线方法可以分为手动连线和自动连线。

1. 手动连线

首先在工具选板中选择"进行连线 ✎"按钮，当此光标放在对象的接线端或连线上时，接线端或连线处于闪烁状态。单击鼠标，然后移动鼠标，此时会出现一条虚线随鼠标一起移动。当连线需要转折时，单击鼠标左键即可，最后单击另一个接线端即可。如果在连线过程中，需要撤销连线的上次操作，可以按住"Shift"键，然后单击程序框图的任意位置；如果要撤销整个连线操作，右击程序框图的任意位置即可。

最简单的办法就是使用鼠标单击源对象的源端口引出线段，然后连至目标对象的目标端口，再次单击鼠标即可完成连线。

2. 自动连线

在 LabVIEW 的默认编程环境中，自动连线功能是处于激活状态的。自动连线功能只有在添加新的节点时有效。在向程序框图中添加节点时，若其输入（或输出）接线端与其他对象的输出（或输入）接线端比较靠近时会显示有效的连线方式，这时放开鼠标后就完成自动连线。自动连线功能只对数据类型匹配的接线端有效，在添加节点时，可以使用空格键来切换自动连线功能。

3. 选择连线

对连线进行选择主要有下面几种选择方法：首先要在工具选板中单击"定位/调整大小/选择"按钮，单击连线选中的是该连线的一个直线段，也可以按住"Shift"键同时选中多段直线段，双击连线选中的是一个连线分组，连续单击连线三次选中的是整体连线。最简单的办法是按住鼠标左键后拖动鼠标选择任意连线。

虽然连线的方法比较简单，但需注意以下几点：

（1）线段的颜色、粗细和样式代表了通过该线传递的数据类型，比如浮点型数据为橙色，标量为细实线，而一维数组较粗些，二维数组更粗，每增加一维数组，线就增粗一些，簇类型数据用花线表示。这些线的外观有助于用户直接判断数据类型，虽然在不同类型的变量之间连线时，LabVIEW 可以自动完成数据类型的转换，但一般来说应尽量在同种数据类型之间传递数据，或者在不影响效率的情况下通过显式类型转换函数先进行类型转换后再传递，这样更便于阅读，而且可以提前避免数据溢出等可能潜在的错误。

（2）如果程序框图窗口未包含全部程序，需要连线至当前窗口外的对象，可以在引线状态下将鼠标稍稍放在窗口之外一些，窗口会自动在该方向进行滚动，以展现剩余部分的代码。

（3）与其他框图对象一样，连线也可以被选中、复制、移动和删除。

（4）进行多次连线和删除后，有可能会产生一些连线错误，或者不完整的断线头，可以将鼠标放到连线错误处，LabVIEW 会自动提示错误信息，帮助用户改正。如果想一次清除所有断线和连接错误，可以使用"Ctrl" + "B"快捷键或者主菜单项中的"编辑"下的"删除断线"选项。

3.8 VI 的运行和调试

在程序编写完成之后，必须经过运行和调试以测试编写的程序是否能够产生预期的运行结果，从而找出程序中存在的一些问题。LabVIEW 2016 提供了许多工具来帮助用户完成程序的调试。

3.8.1 运行调试工具

程序框图工具栏中与运行调试有关的按钮如图 3.36 所示。

图 3.36 运行调试相关按钮

下面对每一种运行调试按钮功能进行详细说明。

（1）运行：LabVIEW 中有两种方法运行程序，即运行和连线运行。单击前面板或者程序框图工具栏中的"运行"按钮，就可以运行 VI 一次。当 VI 正在运行时，运行按钮变为"➡"状态。

（2）连续运行：当单击前面板或者程序框图工具栏中的"连续运行"按钮，可以连续运行程序，这时按钮变为"❀"状态，在这种状态下，再单击此按钮就可以停止连续运行。

（3）中止执行：当程序运行时，"中止执行"按钮由编辑时的"⬤"不可用状态变为"⬤"可用状态。单击此按钮可强行停止程序的运行。如果调试程序使程序无意中进入死循环或无法退出状态时，这个按钮可以强行结束程序运行。

（4）暂停：前面板或者程序框图工具栏中的"暂停"按钮用来暂停程序的运行。单击一次将暂停程序，再次单击此按钮又恢复程序的运行。

（5）单步步入：单步执行 VI 则是在程序框图中按照程序节点的逻辑关系，沿连线逐个节点来执行程序。单击工具栏上的"单步步入"按钮时，按单步步入方式执行 VI，单击一次执行一步，遇到循环结构或子 VI 时，跳入循环或子 VI 内部继续单步执行程序。

（6）单步步过：单击工具栏上的"单步步过"按钮时，按单步跳过方式执行 VI，也是单击一次执行一步，但是在遇到循环结构或者子 VI 节点时，把它们作为一个节点来执行，不再跳入其内部执行程序。

（7）单步步出：单击工具栏上的"单步步出"按钮时，可跳出单步执行 VI 的状态，且暂停运行程序。

3.8.2 高亮显示执行过程

LabVIEW 语言的一大特点就是数据流驱动。程序中每一个节点（包括函数、子 VI、各种结构等）只有在获得它的全部输入数据后才能够被执行，而且只有当其功能完全时节点的输出才是有效的。

于是通过数据线连接各个节点，从而控制程序的执行顺序，这也形成了同步运行的数据通道，而不像文本语言程序那样受到顺序执行的约束。因此，数据流驱动模式使得 LabVIEW 应用程序的开发不仅更为简洁高效，而且可以自然且有效地支持多线程并行执行。

使用工具栏上的"高亮显示执行过程"按钮可以切换 VI 是否以高亮方式运行，即是否显示数据流在框图中的流动过程。在该按钮变为" "的高亮执行状态下，VI 运行速度变得缓慢，并以流动的橙色小圆点代替数据在线上的流动过程。再次单击此按钮，程序又恢复正常运行方式。这非常有助于编程者在调试时正确理解程序的执行过程。

下面我们通过一个汽车车速测量系统的例子来了解高亮显示执行过程的效果。在汽车车速测量系统的程序中，需要通过计数器获得车轮的转速，由于车轮的直径已知，可以通过计算得知当前行驶速度，再判断是否超速（以 100 km/h 为准），最后以 LED 指示灯的开关状态表示判断结果。

步骤一：打开 LabVIEW 2016 工具，新建一个 VI。

步骤二：创建前面板。右击前面板空白处，在弹出的控件面板中，选择"新式"/"数值"/"数值输入控件"作为车轮转速的输入控件；选择"系统"/"数值"/"系统数值"控件作为已知的车轮直径数据，单位为 cm；选择"新式"/"数值"/"仪表"控件作为车速的显示仪表；选择"新式"/"布尔"/"圆形指示灯"控件作为显示是否超速的指示标记。前面板设计如图 3.37 所示。

图 3.37 汽车速度测量前面板

步骤三：编辑程序框图。打开程序框图，通过车轮每分钟的转速乘以 60 来表示车轮每小时的转速，通过车轮的直径乘以 3.14 计算其车轮周长；每小时的转速乘以车轮周长就可计算出车的时速，然后转换单位为千米；由于汽车的速度是波动的，我们添加一个随机生成函数，再乘以 5 表示给车有 0～5 千米/小时的波动速度；最后添加一个"大于"函数，比较当前速度是否大于 100，根据结果作为判断汽车是否超速的条件。其程序框图如图 3.38 所示。

图 3.38　汽车速度测量程序框图

步骤四：保存程序，在前面板的数值控件中输入相应的数据，运行程序，发现当转速到 660 左右时，超速指示灯开始闪烁，车速表在 100 左右波动，如图 3.37 所示。

步骤五：打开工具栏中的"高亮显示执行过程"按钮，运行程序，我们发现程序运行速度明显变慢，并且在程序框图中看到数据的传输过程，如图 3.39 所示。

图 3.39　高亮显示执行程序框图效果图

3.8.3　程序调试技巧

程序错误一般分为两种：一种为程序编辑错误或编辑结果不符合语法，程序无法正常运行；另一种为语义和逻辑上的错误，或者是程序运行时某种外部条件得不到满足引起的运行错误，这种错误很难排除。

LabVIEW 2016 工具对用户的编程过程进行实时语法检查，对于不符合规则的连线或没有连线但必须要连线的端子时，工具栏中的运行按钮会变为"![]"状态。系统对于错误的准确定位，能够有效地提高调试程序的效率。单击"![]"按钮，会弹出错误列表对话框，如图 3.40 所示。

图 3.40　错误列表对话框

在错误列表对话框中详细地列出了所有的错误信息，并在对话框的最下边对每个错误进行了详细描述并提出了如何修改错误的一些建议。用户可以通过访问 LabVIEW 2016 的帮助文件来了解该程序的相关问题，以便及时准确修改程序。

一般来说，上述的程序错误很多都是显而易见的，不改正程序的错误会直接导致程序无法运行。而在很多情况下，程序虽然可以运行，但是无法得出期望的结果，这种错误一般较难发现，对于这种错误，查找过程可以按以下步骤进行：

（1）检查连线是否连接得当。可在某条连线上连续三次单击鼠标左键，则虚线显示与此连线相连的所有连线，以此来检查连线是否存在问题。

（2）使用"帮助"下拉菜单中的"显示即时帮助"功能来动态显示鼠标所指向的函数或子程序的用法介绍以及各端口的定义，然后对比当前的连线检查连线的正确性。

（3）检查某些函数或子程序的端口默认值，尤其是当函数或子程序的端口类型是可选型的时候，因为如果不连接端口，则程序在运行时将使用默认值作为输入参数来进行传递。

（4）在菜单栏中选择"查看"下的"VI 层次结构"选项，通过查看程序的层次结构来发现是否有未连接的子程序。因为有未连接的子程序时，运行程序图标会变为" "状态，所以很容易找到。

（5）通过使用高亮执行方式，单步执行方式以及设置断点等手段来检查程序是否是按照预定要求运行的。

（6）通过使用探针工具来获取连线上的即时数据以及检查函数或子程序的输出数据是否存在错误。

（7）检查函数或子程序输出的数据是否是有意义的数据。在 LabVIEW 2016 中，有两种数据是没有意义的：一种是 NaN，表示非数字，一般是由于无效的数字运算得到的；一种是 InF，表示无穷大，一般是由运算产生的浮点数。

（8）检查控件和指示器的数据是否有溢出。因为 LabVIEW 不提供数据溢出警告，所以在进行数据转换时存在数据丢失的风险。

（9）当 For 循环的循环次数为 0 时，需要注意此时将会产生一个空数组，当调用该空数组时需要事先做特殊处理。

（10）检查簇成员的顺序是否与目标端口一致。LabVIEW 2016 在编辑状态下能够检查数据类型和簇的大小是否匹配，但不能检查相同数据类型的成员是否匹配。

（11）检查是否有未连接的 VI 子程序。

思考与练习

1. 新建一个 VI，进行如下练习：

（1）任意放置几个控件在前面板，改变它们的位置、名称、大小、颜色等。

（2）在 VI 前面板和后面板之间进行切换。

（3）并排排列前面板和后面板窗口。

2. 编写一个 VI 求三个数的平均值, 如下图所示。

要求对三个输入控件等间隔并右对齐, 对应的程序框图控件对象也要求如此对齐。

(1) 添加注释。

(2) 分别用普通方式和高亮方式运行程序, 体会数据流向。

(3) 单步执行一遍。

3. 写一个类似于下图的正弦波发生器, 要求幅值可调。

4 数据类型与基本操作

作为一种通用的编程语言，LabVIEW 与其他文本编程语言一样，掌握数据类型和操作是最基本的要求。LabVIEW 几乎支持所有常用的数据类型和数据操作，同时还拥有其特殊的一些数据类型。本章主要介绍一些基本数据类型、字符串、数组、簇、矩阵和一些基本的数据操作。

4.1 基本数据类型

数据类型是程序设计的基础，不同的数据类型在 LabVIEW 中存储的方式是不一样的，选择合适的数据类型不但能提高程序的性能，而且还能节省内存。在 LabVIEW 编程中会用到一些基本的数据类型与数据操作。基本数据类型包括数值型、布尔型、枚举型、日期型和变体。下面针对不同的数据类型进行详细讲解。

4.1.1 数值型

1. 基本类型

数值型是 LabVIEW 中的一种基本的数据类型，可分为浮点型、整型和复数型三种基本类型形式。LabVIEW 中以不同的图标和颜色来表示不同的数据类型，其详细分类和图标如图 4.1 所示，其详细内容如表 4.1 所示。

图 4.1　数值型数据分类图标

- 43 -

表 4.1　数值型数据的详细信息

数据类型	存储位数	数值范围	数据类型	存储位数	数值范围
64 位整型	64	−18446744073709551616 ~ 18446744073709551615	长整型	32	−2147483648 ~ 2147483647
无符号 64 位整型	64	0 ~ 18446744073709551615	无符号长整型	32	0 ~ 4394967295
双字节整型	16	−32768 ~ 32767	无符号双字节整型	16	0 ~ 65535
单字节整型	8	−128 ~ 127	无符号单字节整型	8	0 ~ 255
双精度浮点型	64	最小正数：4.94E − 324 最大正数：1.79E + 308 最小负数：−4.94E − 324 最大负数：−1.79E + 308	双精度复数浮点型	128	实部与虚部分别与双精度浮点型相同
单精度浮点型	32	最小正数：1.40E − 45 最大正数：3.40E + 38 最小负数：−1.40E − 45 最大负数：−3.40E + 38	单精度复数浮点型	64	实部与虚部分别与单精度浮点型相同
扩展精度浮点型	128	最小正数：6.48E − 4966 最大正数：1.19E + 4932 最小负数：−6.48E − 4966 最大负数：−1.19E + 4932	扩展精度复数浮点型	256	实部与虚部分别与扩展精度浮点型相同
定点浮点型	32	−2.147484E + 9 ~ +2.147484E + 9			

在前面板上单击鼠标右键或选择菜单栏中"查看"/"控件选板"选项，即可弹出控件选板对话框，在控件选板界面中看到各种类型的数值输入控件与显示控件。图 4.2 为数值型数据控件在"新式"显示风格下的面板，其他显示风格下的界面用户可以在实际运用中加以熟悉。

图 4.2　数值型数据控件界面

数值控件选板中包括多种不同形式的控件和指示器，包括数值控件、时间控件、滚动条、旋钮、进度条、颜色盒等。这些控件本质上都是数值型的，它们大多功能相似，只是在外观上有所不同，只要掌握了其中一种的用法也就掌握了全部数值对象的用法。

2. 数据类型转换

对于前面板或程序框图中的数值型数据，用户可以根据需要来改变数据的类型。在前面板或程序框图中单击鼠标右键，再单击目标对象，从弹出的快捷菜单中选择"表示法"选项，从该界面中可以选择该控件所代表的数据类型，如图 4.1 所示。

不同的数据类型转换可分为"强制转换"和"显式转换"两类。当进行强制转换时，强制转换点（红色小圆点）会出现在输入参数节点上。一般将两种不同类型的数据连接在一起时会出现强制转换现象，LabVIEW 会对不同的参数进行转换以适合运算。强制类型转换往往意味着要消耗较多的存储空间和运行时间，这就要求在设计 VI 时尽可能保证传递数据一致。显示转换通过 LabVIEW 数据类型转换函数实现，LabVIEW 提供了丰富的数据类型转换函数以供设计人员使用。显示转换函数位于函数选板"数值"下的"转换"子选板中，如图 4.3 所示。

图 4.3　显示转换函数面板

下面我们通过一个具体实例来实现强制转换。该实例先获取类型为 8 位无符号整型（U8）数组的长度，除以 2 以后得出 For 循环循环处理的次数 N 值；随后使用 For 循环结构将数组中的元素两两合并转换为 16 位有符号整型（I16）数，并组合成新数组（新数组的长度是原数组长度的一半）；For 循环结束后将新数组中的各元素均放大 1.5 倍输出。由于新数组为 I16 类型，而放大因子是双精度浮点型（DBL），因此数组必须在参加乘法计算前被强制转换为双精度浮点类型，这使原来长度为 2B（bit）的每个数组元素变为 8B，存储缓冲空间同时增加了 4 倍。程序框图如图 4.4 所示，运行结果如图 4.5 所示。

图 4.4 强制转换数值型数据程序框图

图 4.5 强制转换数值型数据结果图

无论是"强制转换"还是"显式转换"，LabVIEW 均遵循以下转换规律：

（1）整型转换为浮点型。LabVIEW 将无符号或有符号整型数转换为最近似的浮点数。

（2）浮点数转换为整型。LabVIEW 按照"四舍五入"或"去尾法"的原则进行转换。例如，对于连接至 For 循环次数的浮点数，如果其值为 4.5，则按照"去尾法"取值 4 而非 5；而运算时如果涉及浮点数转换为整型数，则按照四舍五入的原则。

（3）将枚举数当无符号整型看待。LabVIEW 按照要求的范围将枚举类型匹配至适当的整数类型。当要转换的数在所定义枚举类型的范围内时，采用四舍五入的原则，如果超出范围，则按就近原则取所定义枚举类型范围的上限或下限。例如，枚举类型范围为 0 ~ 7，当需要将浮点数 5.2 转换为枚举数时，其值为 5；对 3.8 转换时，其值为 4；对于-2.8 转换时，其值为 0；对 18.9 转换时，其值为 7。

（4）整型之间的转换。LabVIEW 可以实现整型之间的数据转换。如果转换源类型比目标类型范围小，则对有符号整型数来说，LabVIEW 会用符号位补充所有多余位。对无符号整型来说，将在多余位补 0；如果转换源类型比目标类型范围大，则仅取低位部分。

（5）整型、浮点型或定点类型到定点类型之间的转换。在进行整型、浮点型或定点类型到定点类型之间的转换时，对超出范围的数分别取上限或下限。

虽然设计人员可以在不同数值类型之间进行转换，但在设计时还是经常会用 I32 来代表整型数，用双精度浮点数代表浮点数。单精度浮点数基本上不会节省太多空间和处理时间，还经常会溢出，扩展的浮点数只在必要时才使用。当连接多个不同类型的数据到一个函数时，通常 LabVIEW 会先按照精度较高、范围较大的类型为目标来转换所有数据类型后再进行计算。在 LabVIEW 的数值操作函数中，还包括一些底层的字节和位处理的一些函数，这些函数对设计与硬件相关的一些应用极其有用。例如，在设计与单片机通信的程序或数据报文处理的程序时，使用它们非常灵活。

3. 数值型控件属性的更改

如果用户希望更改数值型控件的属性，用户同样可以在前面板或程序框图中通过单击鼠标右键，再单击目标对象，从弹出的快捷菜单中选择"属性"选项，会弹出如图 4.6 所示的对话框。

图 4.6　数值型数据的属性对话框

该对话框共包括七个选项卡，分别为外观、数据类型、数据输入、显示格式、说明信息、数据绑定和快捷键。下面分别对几个共同的选项卡的功能进行简要说明。

（1）"外观"选项卡。

在此选项卡中可以设置数值控件的外观属性，包括标签、标题、启用状态、显示基数和显示增量/减量按钮等，各选项功能说明如下：

① 标签可见：标签用于识别前面板和程序框图上的对象。勾选上"可见"选项，可以显示对象的自带标签并启用标签文本框对标签进行编辑。

② 标题可见：同标签相似，但该选项对常量不可用。勾选上"可见"选项，可以显示对象的标题并使标题文本框可编辑。

③ 启用状态：勾选上"启用"选项，表示用户可操作该对象；勾选上"禁用"选项，表示用户无法对该对象进行操作；勾选上"禁用并变灰"选项，表示在前面板窗口中显示该对象并将对象变灰，用户无法对该对象进行操作。

④ 显示基数：显示对象的基数，使用基数改变数据的格式，如十进制、十六进制、八进制等。

⑤ 显示增量/减量按钮：用于改变该对象的值。

⑥ 大小：分为高度、宽度两项。对数值输入控件而言，其高度不能更改，只能修改控件宽度数据。

与数值输入控件的外观属性配置选项卡相比，滚动条、旋钮、转盘、温度计、液罐等其他控件的外观属性配置选项卡稍有不同。如针对旋钮输入控件的特点，在外观属性配置选项卡又添加了定义指针颜色、锁定指针动作范围等特殊外观功能项。

（2）"数据类型"选项卡。

在数据类型选项卡中可以设置数据类型和范围等。应当注意，在设定最大值和最小值时，不能超出该数据类型的数据范围，否则，设定值无效。数据类型选项卡各部分功能如下：

① 表示法：为控件设置数据输入和显示的类型，例如整型、双精度浮点型等。在数据类型选项卡中有一个表示法的小窗口，用鼠标左键单击，得到相应的数值类型选板。

② 定点配置：设置定点数据的配置。启用该选项后，将表示法设置为定点，可配置编码或设置范围。编码即设置定点数据的二进制编码方式，带符号与不带符号选项用于设置定点数据是否带符号。范围选项用于设置定点数据的范围，包括最大值和最小值。所需 Delta 值选项用来设置定点数据范围中任何两个数之间的差值。

（3）"显示格式"选项卡。

在此选项卡中用户可以设置数值的格式与精度。各部分功能介绍如下：

① 类型：数值计数方法可选浮点、科学计数法、自动格式和 SI 符号四种。其中，用户选择浮点表示以浮点计数法显示数值对象，选择科学计数法表示以科学计数法显示数值对象。而自动格式是指以 LabVIEW 所指定的合适的数据格式显示数值对象，SI 符号表示以 SI 表示法显示数值对象，且测量单位出现在值后。

② 精度类型和位数：显示不同表示法的精度位数或者有效数字位数。

③ 隐藏无效零：表示当数据末尾的零为无效零时不显示，但如数值无小数部分，该选项会将有效数字精度之外的数值强制为零。

④ 以 3 的整数倍为幂的指数形式：显示时采用工程计数法表示数值。

⑤ 使用最小域宽：当数据实际位数小于用户指定的最小域宽时，用户选中此选项，则在数据左端或者右端将用空格或者零来填补额外的字段空间。

⑥ 高级编辑模式：选中高级编辑模式时，页面中的内容发生变化。其中，"格式字符串"是用于格式化数值数据的格式符；"合法"指示灯表示格式字符串的格式是否合法；"还原"按钮用来将不合法的字符串格式恢复到上一个合法的格式；"格式代码显示"用于格式字符串中的格式代码，双击格式代码或选中格式代码后再单击"插入格式字符串"按钮可将其插入到格式字符串。

⑦ 时间格式：当数值对象格式为绝对时间或相对时间时，设置控件中的时间显示格式为"自定义时间格式""系统时间格式"和"不显示时间"；时间格式包括 24 小时制、AM/PM 的（12 小时制）、HH：MM（小时：分钟）和 HH：MM：SS（小时：分钟：秒数）。

⑧ 日期格式：当数值对象格式为绝对时间或相对时间时，设置控件中的日期显示格式为"自定义日期格式""系统日期格式"和"不显示日期"；日期格式包括 M/D/Y（月/日/年）、D/M/Y（日/月 /年）、 Y/M/D（年/月/日）、不显示年份、显示两位年份和显示四位年份。

（4）"说明信息"选项卡。

用户可以在此选项卡中根据具体情况在说明和提示框中加注描述信息，用于描述该对象并给出使用说明。提示框用于在 VI 运行过程中当光标移到一个对象上时显示对象的简要说明。

（5）"数据绑定"选项卡。

数据绑定选项卡用于将前面板对象绑定至网络发布项目项以及网络上的发布——订阅协议（PSP）数据项。

① 数据绑定选择：指定用于绑定的服务器，包括三个选项："未绑定"表示对象未绑定至网络发布的项目或 PSP 数据项；"共享变量引擎（NI-PSP）"通过共享变量引擎将对象绑定至发布的项目项或网络上的 PSP 数据项；"DataSocket"通过 DataSocket 服务器、OPC 服务器、FTP 服务器或 WEB 服务器将对象绑定至一个网络上的数据项。

② 访问类型：指定正在配置的对象的访问类型，包括三个选项："只读"指定对象从网络发布的项目项或从网络上的 PSP 数据项读取数据；"只写" 指定对象将数据写入到网络发布的项目项或网络上的 PSP 数据项；"读/写"指定对象从网络发布的项目项读取数据，向网络上的 PSP 数据项写入数据。

③ 路径：指定与当前配置的共享变量绑定的共享变量或数据项的路径。单击"浏览"按钮可打开"选择项源"对话框，选择用于绑定对象的共享变量或数据源。

（6）"快捷键"选项卡。

"快捷键"选项卡用于设置控件的快捷键。

① 选中：为该控件设置一个选中快捷键。

② 增量：为该控件设置一个增量快捷键。

③ 减量：为该控件设置一个减量快捷键。

④ 现有绑定：列出已使用的按键分配。如果选择列表框中的现有按键分配，LabVIEW 将把该按键分配指定给当前控件，并删除之前的按键分配。

⑤ Tab 键动作：定位至该控件时控制 Tab 键的动作，勾选"按 Tab 键时忽略该控件"复选框时忽略该控件。

4.1.2 布尔型

1. 基本功能

布尔型数据在 LabVIEW 中的应用比较广泛。因为 LabVIEW 程序设计很大一部分功能体现在仪器设计上，而在仪器设计时经常会有一些控制按钮和指示灯之类的控件，这些控件的数据类型一般为布尔型。另外，在程序设计过程中进行一些判断时也需要用到布尔型数据。

布尔型的值为 0 或者 1，即真（True）或者假（False）。通常情况下，布尔型又称逻辑型。在前面板上单击右键或者直接在菜单栏中选择"查看"/"控件选板"，即可弹出控件选板对话框，在对话框中就可找到布尔子选板，如图 4.7 所示。

从图中可以看到各种布尔型输入控件和显示控件，如开关、指示灯、按钮、单选按钮等，用户可以根据需要选择合适的控件。布尔控件用于输入并显示布尔值（TRUE/FALSE）。

图 4.7　新式风格布尔子选板

2. 设计实例

下面介绍一个简单温度监控系统的设计。该系统可用于监控一个实验室的温度，当温度超过设定温度时，警示灯亮，以示警告。程序设计过程如下：

步骤一：打开 LabVIEW 2016，新建一个 VI。在前面板添加一个布尔型的指示灯和一个浮点型的数值显示控件。

步骤二：打开程序框图，首先在函数选板选择"编程"/"结构"/"While 循环"结构，添加到程序框图中，对"循环条件"端子右键选择"创建输入控件"；其次，选择"编程"/"数值"/"随机数（0-1）"函数添加到 While 循环体内，选择"编程"/"数值"/"乘"命令对随机数放大 50 倍，把计算出的结果显示在数值显示控件内；再次，选择"编程"/"比较"/"大于?"命令将函数添加到程序框图中，把放大 50 倍的随机数与常量 35 进行大小比较，由于比较结果是布尔型数据，最后把比较结果连接温度警示灯输入端子。

步骤三：添加延时函数。在函数选板中选择"编程"/"定时"/"等待（ms）"，将所选函数添加到 While 循环体内，在输入端子创建一个常量，常量数据为 1000，表示每一秒钟运行一次该程序，实现循环运行的效果。程序连线如图 4.8 所示。

步骤四：运行程序，点击工具栏中的"运行"按钮，观察运行效果，如图 4.9 所示。

图 4.8　简易温度监控系统程序框图

图 4.9　简易温度监控系统效果图

3. 布尔属性配置

在前面板的布尔控件上单击鼠标右键，即可弹出快捷菜单，选择"属性"选项，打开如图 4.10 所示的布尔属性对话框。

图 4.10　布尔属性对话框

下面对其属性配置选项卡中的外观选项卡和操作选项卡进行说明。

（1）"外观"选项卡。

打开布尔控件属性配置对话框，外观选项卡为默认选项卡，可以看到该选项卡与数值外观配置选项卡基本一致。下面介绍一些与数值控件外观选项卡不同的选项及其相应的功能。

① 开：设置布尔对象状态为真时的颜色。

② 关：设置布尔对象状态为假时的颜色。

③ 显示布尔文本：在布尔对象上显示用于指示布尔对象状态的文本，同时用户能够打开开时文本和关时文本文本框进行编辑。

④ 文本居中锁定：将显示布尔对象状态的文本居中显示。也可使用锁定布尔文本居中属性，通过编程将布尔文本锁定在布尔对象的中部。

⑤ 多字符串显示：允许为布尔对象的每个状态显示文本。如取消勾选，在布尔对象上将仅显示关时文本文本框中的文本。

⑥ 开时文本：布尔对象状态为真时显示的文本。

⑦ 关时文本：布尔对象状态为假时显示的文本。

⑧ 文本颜色：说明布尔对象状态的文本颜色。

（2）"操作"选项卡。

该选项卡用于为布尔对象指定按键时的机械动作，包括按钮动作、动作解释、所选动作预览和指示灯等选项，各选项的功能如下。

① 按钮动作：设置布尔对象的机械动作，共有六种机械动作可供选择，如图 4.11 所示。机械动作也可以通过前面板，右键输入布尔型控件，在弹出的快捷菜单中选择"机械动作"即可。各种机械动作的详细说明如表 4.2 所示。

图 4.11　布尔对象的机械动作

表 4.2　机械动作的详细说明

动作名称	动作说明
单击时转换	按下鼠标时改变值，并且新值一直保持到下一次按下鼠标为止
释放时转换	按下鼠标时值不变，释放鼠标时改变值，并且新值一直保持到下一次释放鼠标为止
保存转换直到释放	按下鼠标时改变值，保持新值一直到释放鼠标时为止
单击时触发	按下鼠标时改变值，保持新值一直到被 VI 读取一次为止
释放时触发	释放鼠标时改变值，保持新值一直到被 VI 读取一次为止
保持触发直到释放	按下鼠标时改变值，保持新值一直到释放鼠标并被 VI 读取一次为止

图 4.11 动作图例中有 3 行字母和图形的组合。第一行 m（motion）表示鼠标在控件上的动作，图形中凹下时表示按下，其余表示释放状态；中间行 v（value）表示控件值的变化情况，图中凹下水平线表示 False 或 0，凸起水平线表示 True 或 1；最后一行 RD（read）表示程序读取控件值，图形中的脉冲表示读取的时刻。

② 动作解释：具体描述说明选中的机械动作。

③ 所选动作预览：显示所有所选动作的按钮，用户可以测试按钮的动作。

④ 指示灯：当预览按钮的值为真时，指示灯变亮。

4.1.3 枚举类型

1. 基本功能

LabVIEW 中的枚举类型和 C 语言中的枚举类型定义相同，它提供了一个选项列表，其中每一项都包含一个字符串标识和数字标识。数字标识与每一选项在列表中的顺序一一对应。枚举类型包含在控件选板的"下拉列表与枚举"子选板中，而枚举常量包含在函数选板的"数值"子选板中，如图 4.12 所示。

图 4.12　枚举类型控件

枚举类型可以以 8 位、16 位或 32 位无符号整型数据表示。这三种表示方式之间的转换可以通过右键快捷菜单中的属性选项实现，其属性的修改与数值对象基本相同，在此不再赘述。下面主要讲解如何实现枚举类型：首先在前面板中添加一个枚举类型控件，然后右键单击该控件，从快捷菜单中选择"编辑项"选项，即可弹出"枚举类的属性"对话框，如图 4.13所示。在该图中通过"插入"按钮可以往枚举控件中添加字符串数据。

图 4.13　枚举类的属性对话框

2. 枚举控件信息的获取

如何获取枚举控件里面的相关信息呢？下面我们通过一个简单的实例来实现。本实例是从枚举控件中获取用户选择的星期几信息，然后显示在字符串显示控件中。

步骤一：打开 LabVIEW 2016，新建一个 VI。在前面板添加一个枚举型控件，右键点击该对象，在弹出的快捷菜单中选择"编辑项"选项，然后往枚举控件中添加星期日到星期六的七个选项信息。继续在前面板添加一个数值显示控件和字符串显示控件，分别用来显示用户选中项的字符串标识（项）和数字标识（值）。

步骤二：打开程序框图，为枚举类型控件创建一个属性节点。右键该对象，在弹出的快捷菜单中，选择"创建"/"属性节点"/"下拉列表文本"/"文本"节点，添加到程序框图中。连接相关对象连线端子，如图 4.14 所示。

步骤三：运行程序，查看结果。在工具栏中选择"连续运行"按钮，选择枚举控件中的不同选项，可以在字符串显示控件中看到选中的星期几信息，在数值显示控件中看到该星期几在编辑项的数字标识，如图 4.14 所示。

图 4.14 枚举类型实例

4.1.4 时间类型

1. 基本功能

时间类型是 LabVIEW 中特有的数据类型，用于输入与输出时间和日期。时间标识控件位于控件选板的"数值"子选板中，时间常数位于函数选板的"定时"子选板中。

右键单击时间标识控件，在弹出的快捷菜单中选择"显示格式"选项，或者选择"属性"选项，再选择"显示格式"选项卡，在对话框中都可以设置时间和日期的显示格式和显示精度，与数值属性的修改类似。单击时间日期控件旁边的时间与日期选择按钮"▦"，可以打开如图 4.15 所示的时间和日期设置对话框。

在时间类型中，有几个比较重要的常用函数介绍如下。

（1）"获取日期/时间（秒）"函数。

该函数的实现功能是返回一个系统当前时间的时间戳。LabVIEW 计算该时间时采用的是自 1904 年 1 月 1 日星期五 0 时 0 分 0 秒起至当前的秒数差，并利用"转换为

图 4.15 设置时间和日期对话框

双精度浮点数"函数将该时间戳的值转为浮点数类型。其调用路径为"编程"/"定时"/"获取日期/时间（秒）"，如图 4.16 所示。

（2）"格式化日期/时间字符串"函数。

该函数的功能是使用时间格式代码指定格式，并按照该格式将时间标识的值或数值显示出来。如图 4.17 所示，给出了该函数的接线端子。只要在"时间格式化字符串（%c）"输入端输入不同的时间格式代码，该函数就会按照指定的显示格式输出不同的日期/时间值；"时间标识"输入端通常连接在"获取日期/时间（秒）"函数上；"UTC 格式"输入端可以输入一个布尔值，当其输入为 True 时，输出为格林尼治标准时间，其默认值为 False，输出为本机系统时间。

图 4.16 "获取日期/时间（秒）"函数

图 4.17 "格式化日期/时间字符串"函数

通过对时间格式化字符串的不同输入，可以提取不同的时间标识信息，如输入字符串为"%a"将显示星期几，其他的输入格式与对应的显示信息如表 4.3 所示。

表 4.3 时间格式代码列表

输入字符	显示格式	输入字符	显示格式	输入字符	显示格式
%a	星期名缩写	%I	时，12 小时制	%x	系统当前日期
%b	月份名缩写	%m	月份	%X	系统当前时间
%c	本机日期/时间	%M	分钟	%y	两位数年份
%d	日期	%p	am/pm 标识	%Y	四位数年份
%H	时，24 小时制	%S	秒	%<digit>u	小数秒<digit>位精度

（3）"获取日期/时间字符串"函数。

该函数的功能是使时间标识的值或数值转换为计算机配置的时区的日期和时间字符串。其连续端子如图 4.18 所示。"时间标识"输入端通常连接在"获取日期/时间（秒）"函数上，也可以不输入信息；"日期格式"选择日期字符串的格式，一般有"short""long"和"abbreviated"三种；"需要秒?（F）"端子控制时间字符串中是否显示秒数；"日期字符串"是函数依据指定的日期格式返回的字符串；"时间字符串"是依据计算机上配置的时区返回的格式化字符串。

图 4.18 "获取日期/时间字符串"函数

2. 设计实例

下面通过一个获得系统当前时间的实例，将获得的系统当前日期和时间按照指定的格式显示出来，从而为读者提供一个从计算机时钟获取日期和时间的综合运用范例。

步骤一：打开 LabVIEW 2016 工具，创建一个 VI，命名为"获得系统当前时间.vi"。

步骤二：前面板设计。在控件面板中，选择"新式"/"字符串与路径"/"字符串显示控件"，添加三个字符串显示控件放在前面板上，依次作为输出星期、当前日期和当前时间的字符串文本框。选择"新式"/"数值"/"时间标识显示控件"添加在前面板，作为显示系统当前日期/时间文本框。

步骤三：添加 While 循环。在程序框图中添加一个 While 循环结构，移动光标到"循环条件"端子，单击鼠标右键，从弹出的快捷菜单中执行"创建输入控件"命令，创建一个"停止"按钮节点。

步骤四：添加延时节点。选择"函数"/"编程"/"定时"/"等待（ms）"函数添加到While 循环体内，为该函数创建一个常量作为延时时间，单位毫秒。

步骤五：主程序设计。选择"函数"/"编程"/"定时"/"获取日期/时间（秒）"函数和"格式化当前日期/时间字符串"函数到程序框图中，在"格式化当前日期/时间字符串"函数的"时间格式化字符串"端子上，创建字符串常量，分别输入"%a""%x""%X"等字符。将各函数输出端与相应的函数节点连接起来，如图 4.19 所示。运行程序，查看结果，如图 4.20 所示。

图 4.19　获得系统时间程序框图

图 4.20　获得系统时间效果图

4.2　数据运算

LabVIEW 中提供了丰富的数据运算功能，除了基本的数据运算外，还有许多功能强大的函数节点，并且还支持通过一些简单的文本脚本进行数据运算。与文本语言不同的是，在文本语言编程中都具有运算符优先级和结合性的概念，而 LabVIEW 是图形化语言编程，不具有这些概念，运算是按照从左到右沿数据流的方向顺序执行的。

4.2.1　"数值"函数选板

数值函数选板包含在函数选板的数值子选板中，主要实现加、减、乘、除等基本功能。

LabVIEW 中的数值函数选板的输入端能够根据输入数据类型的不同自动匹配合适的类型，并且能够自动进行强制数据类型转换。该选板中还有类型转换节点、数据操作节点、复数节点、缩放节点和数学与科学常量节点等，如图 4.21 所示。

图 4.21　数值函数选板

下面对数值选板中的几个子选板进行简单介绍。

1. "数据操作"子选板

"数据操作"子选板如图 4.22 所示，其中的节点用来改变 LabVIEW 中的数据类型。数据操作子选板中的节点名称及其功能如表 4.4 所示。

图 4.22　数据操作子选板

表 4.4　数据操作子选板节点名称及其功能表

节点名称	作用及功能	节点名称	作用及功能
强制类型转换	将输入 x 强制转换为指定的数据类型	逻辑移位	将输入数据 x 左移 y 位,如果 y<0,则右移 -y 位
平化至字符串	将任意输入平化为字符串	循环移位	将输入数据 x 循环移动 y 位
从字符串还原	将平化字符串转换为原数据类型	拆分数字	基于字节或字长拆分数字,拆为高位和低位
尾数及指数	计算输入数据对于 2 的指数幂和尾数	整数拼接	将高位和低位拼接起来,形成一个新的数
带进位的左移位	在输入值的每个位向左移动一位,在低阶位上插入传递,返回最高有效位	带进位的右移位	将值的每一位向右移动一位(从最高有效位到最低有效位),在高位上插入进位,返回最低有效位
交换字节	交换字数据中高 8 位和低 8 位	交换字	交换长整型数据中高 16 位和低 16 位

2. "复数"子选板

复数子选板如图 4.23 所示,子选板中的节点用来进行复数操作。复数子选板中的节点名称及其功能如表 4.5 所示。

图 4.23　复数子选板

表 4.5　复数函数节点名称及其功能表

节点名称	作用及功能	节点名称	作用及功能
复共轭	输出 $x+yi$ 的复共轭 $x-yi$	复数至实部虚部转换	提取输入复数 $x+yi$ 的实部 x 和虚部 y
极坐标至复数转换	将极坐标值模 r 和角度 theta 转换为复数	实部虚部至极坐标转换	将实部为 x、虚部为 y 的复数转换为极坐标值
复数至极坐标转换	将复数转换为极坐标值	极坐标至实部虚部转换	将极坐标值模 r 和角度 theta 转换为复数实部 x 和虚部 y
实部虚部至复数转换	输入实部 x 和虚部 y 组成复数 $x+yi$		

3. "缩放"子选板

缩放子选板如图 4.24 所示,子选板中的节点用来将电压读数转换为温度或应变单位等。缩放子选板中的节点名称及其功能如表 4.6 所示。

图 4.24　缩放子选板

表 4.6　缩放子选板节点名称及其功能表

节点名称	作用及功能	节点名称	作用及功能
转换 RTD 读数	将 RTD 读取的电压值转换为摄氏温度值；输出可以是波形或标量	转换应变计读数	将应变计的电压读数转换为应变值；输入可以是波形或标量
转换热敏电阻读数	将热敏电压值转换为温度；输入可以是波形或标量	转换热电偶读数	将热电偶读取的电压值转换为温度值；输入可以是波形、数组或标量
角度转换至弧度	将数据从角度转换为弧度	弧度/秒转换至 RPM	将数据从弧度/秒转换为每分钟转数（RPM）
弧度转换至角度	将数据从弧度转换为角度	RPM 转换至弧度/秒	将数据从每分钟转数（RPM）转换为弧度/秒

4.2.2　"布尔"函数选板

"布尔"函数选板包含在函数选板中的布尔子选板中。布尔函数选板的输入数据类型可以是布尔型、整型、元素为布尔型或整型的数组和簇，如图 4.25 所示。

图 4.25　布尔函数选板

输入数据为整型时，在进行布尔运算前，"布尔"函数选板会自动将整型数据转换成相应的二进制数，然后逐位进行逻辑运算，得到二进制数运算结果，再将该结果转换成十进制输出。输入数据为浮点时，布尔函数选板能够自动将它强制转换成整数型后再运算。"布尔"子选板函数节点名称及其功能如表 4.7 所示。

表 4.7　布尔操作节点名称及其功能表

节点名称	作用及功能	节点名称	作用及功能
与	将两个输入数进行逻辑与运算	与非	将两个输入数进行与非运算
或	将两个输入数进行逻辑或运算	或非	将两个输入数进行或非运算
异或	将两个输入数进行逻辑异或运算	同或	将两个输入数进行同或运算
非	将两个输入数进行逻辑非运算	蕴含	将一个输入进行非操作后的结果与另一个输入进行或操作
复合运算	将输入的多个对象进行操作，操作可以选择加、乘、与、或、异或	数组元素与操作	将数组所有元素进行与操作；数组元素都为 True 时输出为 True，否则输出为 False
数组元素或操作	将数组所有元素进行或操作；数组元素都为 False 时输出为 False，否则输出为 True	数值至布尔数组转换	将十进制数值转换为二进制，再按位转换为布尔型数组
布尔数组至数值转换	将布尔型数组转换为二进制数，再转换为十进制数值	布尔值至(0,1)转换	将布尔型值真、假转换为数值1、0

4.2.3　"比较"函数选板

"比较"函数选板包含在函数选板中的比较子选板中。用户使用比较函数选板可以进行数值比较、布尔值比较、字符串比较、数组比较和簇比较。比较函数选板如图 4.26 所示。

图 4.26　比较函数选板

不同类型的数据在进行比较时遵循的规则不同，下面简单介绍一些基本规则。

（1）布尔值比较：实际上就是 0 和 1 两个值的比较。

（2）数值比较：相同数据类型直接进行比较。数据类型不同时，比较函数选板的输入端能够自动进行强制性数据类型转换，然后再进行比较。

（3）字符串比较：因为两个字符的比较是按照其 ASCII 的大小来比较的，所以两个字符串的比较是从字符串的第一个字符开始逐个进行比较，直到两个字符不相等为止。

（4）数组比较和簇比较：与字符串的比较类似，从数组或簇的第一个元素开始比较，直到有不相等的元素为止。进行簇比较时，簇中的元素个数、元素的数据类型及顺序的比较与数组相同。

4.2.4　表达式节点

"表达式节点"包含在"函数"选板的"数值"子选板中。使用表达式节点可以计算包含一个变量的数学表达式，该节点允许使用除复数外的任何数值类型。在表达式节点中可以使用的函数有 abs、acos、acosh、asin、asinh、atan、atanh、ceil、cos、cosh、cot、csc、exp、expml、floor、getexp、getman、int、intrz、ln、lnpl、log、log2、max、min、mod、rand、rem、sec、sign、sin、sinc、sinh、sqrt、tan、tanh 等。

表达式节点可以使用许多运算符，其中大多是双目和三目运算符。由于表达式节点是单变量输入的节点，所以在双目和三目运算符中除输入变量外只能使用常量。表 4.8 中从上到下的运算符是按优先级由高到低的顺序排列的，同一行中的运算符优先级是一样的。

表 4.8　表达式节点的运算符表

次序	运算符	功能说明	次序	运算符	功能说明
1	**	指数运算	8	&	按位与
2	+、—、!、~	正、负、逻辑非、按位取反	9	^	按位异或
3	*、/、%	乘、除、求余	10	→	按位或
4	+、—	加、减	11	&&	逻辑与
5	>>、<<	算术右移、算术左移	12	→→	逻辑或
6	>、<、>=、<=	大于、小于、大于等于、小于等于	13	？：	条件判断运算符
7	!=、==	不等于、等于			

下面我们用一个实例来体验表达式节点的应用。给定任意 x，求表达式 y=x**5 + cos（x）/exp（x）的值。

步骤一：打开 LabVIEW 2016 工具，新建一个 VI。

步骤二：打开前面板，添加一个数值输入控件和一个数值显示控件。

步骤三：在程序框图中添加一个表达式节点，在表达式节点中输入 x**5 + cos（x）/exp（x），连接相关端子连线，如图 4.27 所示。

步骤四：运行程序，查看运行结果，如图 4.28 所示。

图 4.27　表达式节点实例框图　　　　图 4.28　表达式节点实例前面板

4.3　数　组

在程序设计语言中，数组是一种常用的数据类型。数组是多个相同数据类型的元素按照一定顺序排列的集合，是一种存储和组织相同类型数据的良好方式。LabVIEW 也不例外，它提供了丰富的数组函数供用户在编程时调用。

数组由元素和维度组成。元素是组成数组的数据，维度是数组的长度、高度或深度。数组可以是一维的，也可以是多维的，每一维可以多达 21 亿个数据。数组中的每一个元素都有其唯一的索引数值，对每个数组成员的访问都是通过索引数值来进行的。索引值从 0 开始，一直到 $n-1$，n 是数组成员的个数。

4.3.1　创建一维数组

一维数组是最基本的数组，表示一行或一列数据，描绘的是平面上的一条直线。多维数组是在一维数组的基础上创建的。一维数组的创建过程如下：

步骤一：创建数组框架。在前面板窗口“控件”选板中，选择“新式”/“数组、矩阵与簇”/“数组”控件，如图 4.29 所示，将所选控件置于前面板窗口空白处。数组框架由左侧的索引号和右侧的元素区域两部分组成，如图 4.30 所示。通过索引号可直接定位到数组的行、列。行列索引都从 0 开始计算。空的数组框架默认为一维，而且不包含任何元素，需要用户设置维数并添加元素。

图 4.29　数组控件

图 4.30　数组框架

步骤二：添加数组元素。数组框架放置完成以后，选择一种简单类型的数据控件置于元素区域内，就形成了具体数据类型的数组。

步骤三：设置数组元素和显示数组元素。数组类型确定以后，为数组元素设置具体的数据值和显示元素。将光标移至元素区域右下角处，当光标变为三角梯形状时，此时单击并拖动鼠标可以改变数组显示元素的个数，然后设置每一个元素的具体数据。注意，一维数组只能横向或纵向拖动形成一维队列，不能沿对角线拖动，多维数组才可以沿对角线拖动。

一维数组的长度由其中包含的元素个数决定，前面板中灰色元素不包含在数组中。如果需要删除、插入、复制或剪切某一个元素时，可以右键单击该元素，在弹出的快捷菜单中选择"数据操作"选项，进入子菜单选择相应的选项就可以了。

4.3.2 创建多维数组

创建多维数组首先要在一维数组基础上修改维数。修改数组维数通常有以下几种方法。

（1）改变索引框大小来增减维数。这是最简单最常用的方法，将光标移至索引号四周，出现改变大小的箭头，单击鼠标拖动箭头改变索引框的大小和索引号的个数。索引号的个数就代表数组的维数，图 4.31 为拖出了两个索引号，成为二维数组，然后再改变元素区域大小显示出二维数组。

图 4.31 拖动索引号创建二维数组

（2）通过索引号的右键快捷菜单选项"添加维度"来增加数组的维数，通过"删除维度"选项来减少数组的维数。

（3）选择数组的右键快捷菜单"属性"选项，在弹出的属性对话框中改变数组的维数，如图 4.32 所示，在对话框"大小"选项卡的"维"数字框中设置维数。

图 4.32 数组属性大小对话框

在前面板窗口中，既可以创建输入控件数组，也可以创建显示控件数组。在添加元素时选择添加显示控件即可创建显示控件数组。

在程序框图中可以创建数组常量。在程序框图函数选板中选择"编程"/"数组"/"数组常量"选项，将函数置于程序框图窗口中。数组常量框架类似于前面板数组框架，包括索引号和元素区域。创建数组常量的过程与创建输入控件数组类似，设置显示的元素和增减维数的方法也相同。首先在数组常量框架中添加一个常量元素，然后设置数组元素。

4.3.3 循环结构创建数组

创建数组过程中可能会有很多重复的内容，所以，很多时候利用循环结构来创建数组。下面我们通过生成 100 以内的随机整数来创建一个 4×4 的二维数组，可按照以下步骤进行。

步骤一：创建一个 VI，在程序框图中添加一个 For 循环结构，设置循环次数为 4，用来创建数组列。

步骤二：在第一个 For 循环结构中，再添加一个 For 循环结构，同样设置循环次数为 4，用来创建数组行。

步骤三：在第二个 For 循环体内，添加一个"随机数（0-1）"函数，将生成的随机数扩大 100 倍后，取整数部分，作为数组中的元素数据。

步骤四：在第一个 For 循环结构外，创建一个数组数值显示控件，将"最近数取整"函数的输出端连接数组的输入端。注意，要使两个 For 循环输出数据端口为启用索引状态，如果不是，可以通过"自动索引隧道"的右键快捷菜单中选择"隧道模式"/"索引"选项即可，如图 4.33 所示。

图 4.33 循环结构创建数组框图和自动索引

步骤五：运行程序，在前面板窗口中显示结果，如图 4.34 所示。

图 4.34 循环创建数组结果图

4.3.4 数组函数

数组函数用于对一个数组进行操作，主要包括求数组的长度、替换数组中的元素、取出数组中的元素、对数组排序或初始化数组等运算。LabVIEW 的数组选板中有丰富的数组函数可以实现对数组的各种操作。函数是以功能函数节点的形式来表现的。数组函数选板在"编程"下的"数组"子选板内，如图 4.35 所示。

图 4.35 数组函数选板

常见的数组函数如下。

（1）数组大小。

"数组大小"函数显示控件返回数组的位数。如果数组是一维的，则返回一个 32 位整数值，如果是多维的，则返回一个 32 位一维整型数组。节点的输入为一个 n 维数组，输出为该数组各维包含元素的个数。当 n=1 时，节点的输出为一个标量；当 n>1 时，节点的输出为一个一维数组，数组的每一个元素对应输入数组中每一维的长度。

下面我们通过一个实例来计算一维数组和二维数组的大小。步骤如下：

步骤一：创建一个 VI，命名为"计算数组大小.vi"。

步骤二：打开前面板，分别创建一个一维数组和一个二维数组。给数组元素赋予一些初始值，如图 4.36 所示。

步骤三：打开程序框图，添加"数组大小"函数，连接相关接线端，如图 4.37 所示。

步骤四：运行程序，在前面板窗口中显示结果。

（2）索引数组

"索引数组"用来索引数组元素或数组中的某一行。此函数会自动调整大小以匹配连接的输入数组维数。一个任意类型的 n 维数组接入此输入参数后，自动生成 n 个索引端子组，这 n 个索引端子作为一组，使用鼠标拖到函数的下边沿可以增加新的输入索引端子组，这和数组的创建过程相似。每组索引端子对应一个输入端口。建立多组输入端子时，相当于使用同一数组输入参数，同时对该函数进行多次调用。输出端口返回索引值对应的标量或数组。

图 4.36 计算"数组大小"前面板　　　图 4.37 计算"数组大小"框图

下面我们通过一个实例来实现对一维数组和二维数组进行索引的结果。程序操作步骤如下。

步骤一：新建一个 VI，命名为"数组索引实例.vi"并保存。

步骤二：打开前面板，创建一个一维数组和一个二维数组，如图 4.38 所示，为数组元素赋初始值。

步骤三：打开程序框图，添加"索引数组"函数。对于一维数组将"索引"端子输入值设为 2（数组下标），表示第三个元素，在输出端子点击鼠标右键，在快捷菜单中选择"创建"/"显示控件"创建一个数值显示控件。对于二维数组的"索引数组"函数，拖动函数下边沿添加索引组，在第一个索引组的列端子和行端子都输入 2，表示该二维数组的第三行第三列的元素；在第三个和第四个索引组只对其行端子或列端子输入数据 2，表示第三行所有元素构成的一维数组和第三列所有元素构成的一维数组。同样创建显示控件，如图 4.39 所示。

步骤四：运行程序，在前面板窗口中显示结果。

图 4.38 "索引数组"实例前面板

图 4.39 "索引数组"实例框图

（3）替换数组子集。

"替换数组子集"函数功能是从索引中指定的位置开始替换数组中的某个元素或子数组，拖动替换数组子集函数下边沿可以增加新的替换索引。其接线端子如图 4.40 所示。

图 4.40 "替换数组子集"函数接线端子

其中，"n 维数组"是要替换元素、行、列或页的数组，可以输入任意类型的 n 维数组；"索引 0..n − 1"指定数组中要替换的元素、行、列或页，如未连线该输入端，"新元素/子数组"输入的维数可确定 n 维数组的元素数，从元素 0 开始，函数进行替换；"新元素/子数组"是数组或元素，用于替换由 n 维数组指定的数组中的元素、行、列或页；"输出数组"函数返回的数组已经对元素、行、列或页进行了替换。

下面我们通过一个实例来实现一维数组元素的替换、二维数组元素和子数组的替换。程序步骤如下。

步骤一：新建 VI，命名为"数组替换.vi"。

步骤二：打开前面板，创建一个一维数组和一个二维数组，如图 4.41 所示，为数组元素赋初始值。

步骤三：打开程序框图，添加一个"替换数组子集"函数，连接一维数组输出端至 n 维数组输入端，索引端子输入常量 1，新元素端子输入常量 67，表示把一维数组的第二个元素替换为 67；再添加一个"替换数组子集"函数，连接二维数组输出端至 n 维数组输入端，鼠标拖动替换数组子集函数下边沿增加新的替换索引组，对不同索引组的索引（行）、索引（列）、新元素/子数组端子输入不同的数据，如图 4.42 所示。

步骤四：运行程序，在前面板窗口中显示结果。

图 4.41 "替换数组子集"实例前面板图

图 4.42 "替换数组子集"实例程序框图

（4）数组插入。

"数组插入"函数是向数组中插入新的元素或子数组，其接线端子如图 4.43 所示。"n 维数组"是要插入元素、行、列或页的数组，输入可以是任意类型的 n 维数组；"索引 0，…，n-1"端子指定数组中要插入元素、行、列或页的点；"n 或 n-1 维数组"端子是要插入 n 维数组的元素、行、列或页。其使用与替换数组子集函数基本相同，此处不再赘述。

（5）删除数组元素。

"删除数组元素"函数的功能是从数组中删除元素，可删除的元素包括单个元素或子数组。该函数的接线端子如图 4.44 所示。删除元素的位置由索引的值决定，长度端子指定要删除元素、行、列或页的数量，索引端子指定要删除的行、列或元素的起始位置。对二维及二维以上的数组不能删除某一个元素，只有一维数组允许删除指定元素。其用法与索引数组函数基本相同，这里不再赘述。

图 4.43　"数组插入"函数接线端子　　　　图 4.44　"删除数组元素"函数接线端子

（6）初始化数组。

"初始化数组"函数的功能是创建一个新的数组，数组可以是任意长度，每一维的长度由选项"维数大小"决定，元素的值都与输入的参数相同。初次创建的是一维数组，使用鼠标拖动函数的下边沿，可以增加新的数组元素，从而增加数组的维数。图 4.45 是一个初始化数组函数应用的实例，具体步骤这里就不再赘述，读者根据程序框图自己能够编写。

图 4.45　"初始化数组"函数实例

（7）创建数组。

"创建数组"函数的功能是把若干个输入数组和元素组合为一个新的数组。函数有两种类型的输入：标量和数组。此函数可以接收数组和单值元素的输入，当此函数首次出现在框图窗口时，自动带一个标量输入。要添加更多的输入，可以在函数左侧弹出菜单中选择增加输入，方法是将鼠标放置在对象的一个角上拖动鼠标来增加输入。此函数在合并元素和数组时，按照出现的顺序从顶部到底部合并。如果需要把多个一维数组连接起来，仍然构成新的一维数组，可以右键该对象，在弹出的快捷菜单中选择"连接输入"即可。

其他数组函数的功能说明如表 4.9 所示。

表 4.9　其他数组函数功能说明表

数组函数名称	功　能　说　明
数组子集	输入数组指定的"索引"，提取指定"长度"的子数组并输出
数组最大值与最小值	如果输入为一维数组，则输出数组最大值、最小值及其位置（索引号）；如果输入为多维数组，则输出整个数组中的最大值、最小值和行列位置构成的数组；如果有多个最值，显示序号最小的位置
重排数组维数	将输入数组转换成新的 n 维数组，第 i 维的长度由"维数大小"决定，数组中元素按顺序保留
一维数组排序	将输入数组中的元素按照升序排列形成新的数组输出
搜索一维数组	在输入的一维数组中搜索指定的元素，输出该元素在数组中的位置（索引号）；如果没有找到则输出-1
拆分一维数组	从指定位置将一维数组分割成两部分，并输出这两个子数组
反转一维数组	将输入的一维数组前后翻转（数组中元素前后对换）后输出
一维数组循环移位	将输入的一维数组中元素循环后移 n 位并输出；如果 n 为负整数，则循环前移-n 位
一维数组插值	计算输入的一维数组指定位置处的线性插值并输出
以阈值插值一维数组	在输入的按升序排列的一维数组中找输入插值在数组中的位置
交织一维数组	将输入的一维数组中元素按输入端子的顺序取出来交替组合成新的数组输出
抽取一维数组	函数"一维数组插值"的反操作，将输入的一维数组中元素逐个按输出端子取出来形成多个数组输出
二维数组转置	将输入的二维数组转置后输出
数组至簇转换	将输入的一维数组转换为簇并输出，数组中的元素依次转换为簇中的元素
簇至数组转换	将输入的簇转换为一维数组并输出，簇中的元素依次转换为数组中的元素
数组至矩阵转换	将输入数组转换为矩阵并输出，数组中的元素按序号转换为矩阵中的元素
矩阵至数组转换	将输入矩阵转换为数组并输出，矩阵中的元素按序号转换为数组中的元素

4.4　字符串

字符串是 ASCII 字符的集合，包括可显示的字符（如 abc、123 等）和不可显示的字符（如换行符、制表符等）。字符串提供了一个独立于操作平台的信息和数据格式，LabVIEW 支持操作系统中各种字体，包括中文字体。LabVIEW 中常用的字符串数据结构有字符串、字符串数组等。在前面板中，字符串以文本输入框、标签和表格等形式出现。

4.4.1　字符串与路径

"字符串"是 LabVIEW 中一种基本的数据类型。LabVIEW 为用户提供了功能强大的字符串控件和字符串运算函数功能。

"路径"也是一种特殊的字符串，专门用于对文件路径的处理。在前面板单击鼠标右键，打开控件选板，选择"新式"/"字符串与路径"，可以看到有关字符串与路径的所有控件，如图 4.46 所示。

图 4.46　"字符串与路径"子面板

由图可知，字符串与路径子选板共有三种对象供用户选择：字符串输入/显示控件、组合框控件和文件路径输入/显示控件。下面对几种控件进行详细说明。

1. 字符串控件

"字符串控件"用于输入和显示各种字符串。其属性配置选项卡与数值选项卡、布尔选项卡相似，读者可以参考前面的介绍，这里不再赘述。在字符串控件中最常用的是字符串输入和字符串显示两个控件。如果需要为字符串添加背景颜色可以使用工具选板中的设置颜色工具。如果需要修改字符串控件中文字的大小、颜色、字体等属性，需要先使用工具选板中的编辑文本工具选定字符串控件中的字符串，然后打开前面板工具栏中文本设置工具栏，选择符合用户需求的字体属性。

右键单击字符串控件，弹出的快捷菜单如图 4.47 所示。由图可知，定义字符串的显示方式有四种，每种显示方式及含义如下：

（1）正常显示：在这种模式下，除了一些不可显示的字符如制表符、声音、Esc 等，字符串控件显示可打印的所有字符。

（2）"\"代码显示：选择这种显示模式，字符串控件除了显示普通字符以外，用"\"形式还可以显示一些特殊控制字符，表 4.10 列出了一些常见的转义字符。

表 4.10　"\"代码转义字符列表

字符	ASCII 码值	控制字符	功能含义
\n	10	LF	换行
\b	8	BS	退格
\f	12	FF	换页
\s	20	DC4	空格
\r	13	CR	回车
\t	9	HT	制表位
\\	39		反斜杠"\"

（3）密码显示：密码模式主要用于输入密码，该模式下键入的字符均以"*"显示。

（4）十六进制显示：将显示输入字符对应的十六进制 ASCII 码值。

同一个字符串内容，用不同的显示方式显示，结果如图 4.48 所示。

图 4.47　字符串右键部分快捷菜单　　　　图 4.48　同一字符串不同显示方式

注意：在 LabVIEW 中，如果反斜杠后接的是大写字符，并且是一个合法的十六进制整数，则把它理解为一个十六进制的 ASCII 码值；如果反斜杠后接的是小写字符，而且是表中的一个命令字符，则把它理解为一个控制字符；如果反斜杠后接的既不是合法的十六进制整数，也不是表中的任何一个命令字符，则忽略反斜杠。

2. 路径控件

"路径控件"用于输入或返回文件或目录的地址。"路径控件"与"字符串控件"的工作原理相似，但 LabVIEW 会根据用户使用操作平台的标准句法将路径按一定格式处理。路径通常分为以下几种：

（1）非法路径：如果函数未成功返回路径，该函数将在显示控件中返回一个非法路径值，非法路径值可作为一个路径控件的默认值来检测用户何时未提供有效路径，并显示一个带有选择路径选项的文件对话框。

（2）空路径：空路径可用于提示用户指定一个路径，将一个空路径与文件 I/O 函数相连时，空路径将指向映射到计算机的驱动器列表。

（3）绝对路径和相对路径：相对路径是文件或目录在文件系统中相对于任意位置的地址；绝对路径描述从文件系统根目录开始的文件或目录地址。使用相对路径可避免在另一台计算机上创建应用程序或运行 VI 时重新指定路径。

3. 组合框控件

"组合框"控件可用来创建一个字符串列表，在前面板上可按次序循环浏览列表。"组合框"控件类似于文本型或菜单型下拉列表控件。但是，"组合框"控件是字符串型数据，而下拉列表控件是数值型数据。

编辑"组合框"控件内容需要右键单击"组合框"控件，在弹出的快捷菜单中选择"编辑项…"选项，进入字符串编辑对话框；或者选择"属性"选项，在弹出的组合框属性对话框中选择"编辑项"选项卡，如图 4.49 所示。勾选复选框"值与项值匹配"表示值与项内容一致，"项"确定以后不能修改值。选择右侧"插入"按钮添加项，选择"删除"按钮删除选中的项，选择"上移"或"下移"按钮用来上移或下移选中项在控件中显示的位置；勾选复选框"允许在运行时有未定义值"表示可以有没赋值的空项。

图 4.49 "组合框属性"对话框

　　获取组合框控件的字符串内容，需要通过组合框控件的文本属性节点来获取。创建组合框控件的文本属性节点的方法是在程序框图中，右键组合框对象，在弹出的快捷菜单中选择"创建"/"属性节点"/"文本"节点，然后再创建一个显示控件即可。其函数代码和运行效果如图 4.50 所示。

图 4.50 "组合框"实例

4.4.2　字符串数组控件

　　"字符串数组控件"可以向用户提供一个可供选择的字符串项列表。"字符串数组控件"位于控件面板的"新式"/"列表、表格和树"子选板中，如图 4.51 所示。"字符串数组控件"包括列表框、多列列表框、表格和树形，这几个控件的具体应用将在用户界面设计章节详细讲解。

图 4.51 "字符串数组"控件面板

1. 列表框

"列表框"控件可配置为单选或多选,多列列表框可显示更多项信息。在运行时向"列表框"键入字符,LabVIEW 将在列表框中选择以键入字符开头的第一项。按左右箭头键可选择与键入字符相匹配的上一项或下一项。右键单击列表框并从弹出的快捷菜单中选择"选择模式"下的"高亮显示整行",则选中某一项时,整行内容将以高亮显示。

2. 表 格

"表格"可以看成由字符串组成的二维数组,每个单元格可以容纳一个字符串。

3. 树 形

"树形"控件用于向用户提供一个可供选择的层次列表。用户将输入"树形"控件的项组织为若干组项或若干组节点,单击节点旁边的展开符号可展开节点,显示该节点中的所有项;单击节点旁的符号还可折叠节点。"树形"控件为目录状字符串,其第一列字符串可形成树形目录状,以后各列为一般字符串,可以用来添加备注说明等;"树形"控件的每一行是一个项,拖动项可以改变项所在的目录。

右键单击树形控件,在弹出的快捷菜单中选择"编辑项…",弹出"编辑树形控件项"对话框,如图 4.52 所示,可以对每一行项进行编辑。勾选"仅作为子项?"复选框时表示该项只能作为子项,不能包含任何下层项了;勾选"禁用?"复选框后项呈现灰色,表示该项被禁用。

图 4.52 "编辑树形控件项"对话框

4.4.3 字符串函数

LabVIEW 提供了用于对字符串进行操作的内置 VI 和函数,可对字符串进行格式化、解析等编辑操作。字符串操作函数位于程序框图函数选板的"编程"/"字符串"子选板中,如图 4.53 所示。

图 4.53 "字符串"子选板

下面对一些常用的字符串函数的使用方法进行详细的介绍说明。

1. 字符串长度

该函数的功能是返回字符串、数组字符串、簇字符串等所包含的字符个数。一个返回字符串和数组字符串长度的示例如图 4.54 所示。

图 4.54 "字符串长度"函数使用

2. 连接字符串

该函数的功能是将两个或多个字符串连接成一个新的字符串，拖动连接字符串函数下边框可以增加或减少字符串输入端个数。如果连接字符串中需要换行，则可以在函数的输入端的两个需要换行的字符串中间添加一个端口接入回车键常量、换行符常量或者行结束常量，如图 4.55 所示。

图 4.55 "连接字符串"函数使用

3. 截取字符串

该函数的功能是返回输入字符串的子字符串,从偏移量位置开始,第一个字符索引为 0,输出长度端子输入数据个数的字符。"截取字符串"函数和连接字符串函数的结合使用示例如图 4.56 所示。

图 4.56 "截取字符串"函数和"连接字符串"函数的结合使用

4. 替换子字符串

该函数的功能是插入或替换子字符串,偏移量在字符串中指定,可以显示被替换的子字符串。该函数从偏移量位置开始在字符串中删除长度端子输入个数的字符,并使删除的部分替换为子字符串。若长度为 0,替换子字符串函数在偏移量位置插入子字符串。若字符串为空,该函数在偏移量位置删除长度个字符。该函数的接线端子如图 4.57 所示,其中"字符串"端子输入的是要替换字符的字符串;"子字符串"端子输入包含用于替换字符串中位于偏移量处的长度端子输入个数的字符的子字符串;"偏移量"端子输入确定输入字符串中开始替换子字符串的位置;"长度"端子确定字符串中替换子字符串的字符数,如果子字符串为空,则删除从偏移量开始的长度个字符;"结果字符串"端子输出包含已经进行替换的字符串;"替换子字符串"端子输出包含字符串中替换的字符串。替换子字符串函数的使用示例如图 4.58 所示。

图 4.57 "替换子字符串"函数接线端子

图 4.58 "替换子字符串"函数的应用

5. 搜索替换字符串

"搜索替换字符串"函数的功能是将一个或所有子字符串替换为另一个子字符串。如需包括多行布尔输入，则可通过鼠标右键单击函数选择正则表达式实现。与替换子字符串函数一样，该函数也用于查找并替换指定字符串。该函数接线端子如图 4.59 所示。

图 4.59 "搜索替换字符串"函数接线端子

该函数可用于修改多处错误拼写的字符串，比替换子字符串函数要方便。两种替换子字符串方法的比较如图 4.60 所示。

图 4.60 两种替换子字符串方法的比较

6. 格式化写入字符串

"格式化写入字符串"函数功能是将字符串、数值、路径或布尔量按指定格式转换成字符串，添加至初始字符串后输出，该函数的接线端子如图 4.61 所示。"格式字符串"端子指定函数转换输入参数为结果字符串的方法，默认状态可匹配输入参数的数据类型，时间标识只能按照时间格式，否则返回错误。右键单击函数，在快捷菜单中选择编辑格式字符串，可编辑格式字符串，通过特殊转义代码，可插入不可显示的字符、反斜杠和百分号。"初始字符串"端子指定可通过扩展参数组成结果字符串的基本字符串。"输入 1...n"端子指定要转换的输入参数，该参数可以是字符串、路径、枚举型、时间标识、布尔或任意数值数据类型，对于复数数据类型，该函数只转换实部。该函数不能用于数组和簇。

图 4.61 "格式化写入字符串"函数接线端子

下面通过一个将数值型数据转换成字符串，并与其他字符串组合在一起输出的实例，来帮助读者掌握格式化写入字符串函数的应用。步骤过程如下：

步骤一：创建前面板控件。在前面板中，添加一个字符串输入控件"初始字符串"，添加两个数值输入控件"甲数"和"乙数"；添加将"初始字符串"和数值相加的结果组合成字符串输出的字符串显示控件"结果字符串"，并添加计算字符串长度的"字符串长度"显示控件，如图 4.62 所示。

步骤二：创建程序框图函数节点。在程序框图中，采用字符串操作函数"格式化写入字符串"，将函数的初始字符串接线端与字符串输入控件接线端相连，函数的"输入"接线端分别连接控件"甲数"接线端、字符串"+"、"乙数"接线端、字符串"="和数值相加的结果。将函数"格式化写入字符串"的输出端和字符串显示控件"结果字符串"接线端相连；添加函数"字符串长度"，将函数输出端和数值显示控件"字符串长度"的接线端相连，如图 4.63 所示。

图 4.62　前面板图

图 4.63　程序框图

步骤三：设置函数输入格式。右键单击函数"格式化写入字符串"，在弹出的快捷菜单中选择"编辑格式字符串"，弹出对话框，如图 4.64 所示。在"编辑格式字符串"对话框中，"当前格式顺序"栏中依次为 5 个输入；"已选操作（范例）"栏为选中格式对应的操作，"选项"栏为操作选项，选择浮点表达，右侧用空格填空，小数点最大位数为 2；"对应的格式字符串"栏显示已经选择的格式所对应的代码。

图 4.64　"编辑格式字符串"对话框

如果了解格式字符串代码，可以直接修改代码来编辑格式。格式字符串代码及其含义如表 4.11 所示。

表 4.11 格式字符串代码及其含义

代　码	含　义	代　码	含　义
%g	自动选择格式	%x	十六进制数
%f	十进制浮点数	%o	八进制数
%e	科学计数法	%b	二进制数
%d	十进制整数	%s	字符串

步骤四：运行程序，前面板的结果如图 4.65 所示。

图 4.65 前面板效果图

7. 其他字符串函数

其他字符串函数的功能说明如表 4.12 所示。

表 4.12 字符串其他函数功能说明

函　数　名　称	功　能　说　明
匹配模式	从指定偏移量开始搜索字符串，以此字符串头尾为限将原字符串分割成三个字符串输出
匹配正则表达式	从指定偏移量开始搜索字符串，以此字符串头尾为限将原字符串分割成三个字符串输出，比匹配模式搜索范围更广但速度慢
格式化日期/时间字符串	按指定格式输出系统时间字符串
扫描字符串	在输入字符串中搜索指定格式，输出指定格式的偏移位置，根据此位置将输入字符串分割成前后两个子字符串输出
电子表格字符串至数组转换	将电子数据表类型的字符串转换成数组类型输出
数组至电子表格字符串转换	将数组转换成电子数据表类型的字符串输出
删除空白	删除字符串两端的空白；"位置（两端）"为 0 表示删除输入字符串两端的空白；为 1 表示删除字符串首端的空白；为 2 表示删除输入字符串末端的空白
转换为大写字母	将输入字符串中所有字母都转换成大写形式
转换为小写字母	将输入字符串中所有字母都转换成小写形式

8. 创建文本

（1）功能介绍。

字符串操作函数子选板中还包含一个 Express VI 即"创建文本"，对文本和参数化输入进行组合，创建输出字符串；如果输入的不是字符串，该 Express VI 将根据配置把输入转化为字符串。其图标和接线端如图 4.66 所示。新建的"创建文本"Express VI 包含输入接线端"起始文本"，用来预置一段输入文本，作为该 Express VI 输出结果的起始段；输出接线端"结果"返回基于 Express VI 配置的结果数据。在该 Express VI 使用过程中，除了"起始文本"这一输入接线端以外，还可以通过添加参数来添加输入文本。

图 4.66 "创建文本"图标和接线端

在添加该 Express VI 时会自动出现配置框，选择右键快捷菜单选项"属性"也可打开配置框，如图 4.67 所示。

图 4.67 "配置创建文本"对话框

（2）"配置创建文本"对话框包括如下选项：

① 带百分号的参数文本（%参数名%）。

用来指定需要创建的文本，可通过在两个百分号符号之间添加文本来定义，每个参数仅可在创建的文本中使用一次。

② 配置参数。

包括"参数""参数属性""示例文本"和"示例计算结果"。

"参数"列举在"带百分号的参数文本（%参数名%）"中定义的所有变量。

"参数属性"指定选中参数对应的属性。选中单选框"文本""数字""布尔"分别表示将参数格式化为文本字符串、数值、布尔值。"格式"根据参数的数据类型为其提供格式化选项。各种格式的范例会在格式名称后的括号中显示。

勾选复选框"使用最小域宽"表示如果数据实际位数小于用户指定的最小域宽，将在文本、数字或布尔的左端或右端用空格或零来填补额外的字段空间。"最小域宽"用来指定文本、数字或布尔的最小字段宽度，默认值为 0。"调整"可以向左侧或右侧调整参数。"填充"是以空格或零填充数字。

勾选复选框"使用指定精度"会根据"精度"框中指定的精度将数字格式化。只有选择格式下拉菜单的"格式化分数/科学计数法数字（12345）""格式化分数（12345）"或"格式化科学计数法数字（1.234E1）"时，该选项才可以用。"精度"可修改表中数值的精度，默认值为 0。

"示例文本"根据参数属性中设置的选项，示范文本配置结果。

"示例计算结果"根据参数属性的选项，显示在示例文本、示例数或示例布尔输入的值。

（3）实例。

下面通过将字符串控件"X""Y"与其值用"创建文本" Express VI 组合起来的实例，让读者更深层次地认识"创建文本"函数的应用。操作步骤如下：

步骤一：创建前面板控件。在前面板中，添加一个字符串输入控件"起始文本"，添加两个字符串输入控件"X"和"Y"，添加两个数值输入控件"xValue"和"yValue"；添加一个将输出所有字符串和数值组合起来的结果的字符串显示控件"结果"，如图 4.68 所示。

步骤二：创建程序框图函数节点。在程序框图中，添加字符串操作函数"创建文本"，将函数的起始文本接线端与字符串起始文本输入控件接线端相连，将函数的结果接线端与字符串结果输入控件接线端相连。

步骤三：配置创建文本属性对话框。右键函数创建文本，在弹出的快捷菜单选择属性选项，弹出"配置创建文本"对话框，如图 4.69 所示。在"带百分号的参数文本"中设置需要输出的字符串，使用字符串"%参数名%"的格式添加输入参数。添加后，参数会自动添加到下方的"参数"项中。选中参数，可在右侧"参数属性"项中设置变量的格式。本例设置"X"和"Y"为文本类型，设置"xValue"和"yValue"为数字类型，格式为格式化分数，精度设为 2。连接相关节点连线端，如图 4.70 所示。

步骤四：运行程序，在前面板窗口中显示结果。

图 4.68　前面板图

图 4.69 "配置创建文本"对话框

图 4.70 程序框图

9. 附加字符串函数

此外，字符串选板中还有"附加字符串函数"子选板，如图 4.71 所示。该子选板提供的字符串操作函数功能如表 4.13 所示。

图 4.71 附加字符串函数选板

表 4.13　附加字符串函数功能表

函　数　名　称	函　数　功　能
搜索/拆分字符串	从输入字符串指定偏移量开始搜索指定字符串，输出指定字符串所在位置，并根据此位置将原字符串分为前后两个字符串输出
选行并添加至字符串	在多行字符串中选择"指定行索引"这一行，添加至原字符串后形成新的字符串输出
匹配字符串	在字符串组中搜索字符串，输出相匹配的字符串及其在原字符串组中的序号
匹配真/假字符串	检查输入字符串的开头是否与指定的真/假字符串一致：如果有一致，则将输入字符串一致的部分删除后输出，并输出对应的布尔值；如果两者都有一致部分，则较短的字符串有效
在字符串中搜索标记	从指定偏移量开始搜索指定符号，输出符号及符号后面一位所在的位置
搜索替换模式	在原字符串中搜索指定字符串，如有相符，用替换字符串替换相符部分后输出，并输出在原字符串中后面一位的位置
索引字符串数组	选择字符串组中指定索引的字符串，添加到原字符串后形成新的字符串输出
添加真/假字符串	根据布尔选择量选择真/假字符串其中一字符串，添加到原字符串后形成新的字符串输出
字符串移位	将原字符串中第一个字符移至最后并输出
反转字符串	将原字符串中所有字符顺序颠倒后输出，例如 abcde→edcba

4.5　簇

与数组类型类似，"簇"也是 LabVIEW 中一种复合型数据类型，它对应 C 语言等文本编程语言的结构体变量。不同的是，数组中只能包含一种简单数据类型，而"簇"中则可以包含多种数据类型的元素，包括简单数据类型和复合数据类型。

由于"簇"可以包含不同的数据类型，因此创建簇时要将不同类型的数据打包，访问簇中的元素时要先将簇解包，这一点也与访问数组中的元素不同。另外，在运行过程中，数组的长度可以自由改变，而簇的元素个数是固定的。

4.5.1　簇的创建

"簇"位于"控件"面板中的"新式"下的"数组、矩阵与簇"子选板中。簇的创建方法与数组的创建方法类似，首先选择簇控件，将其拖入前面板中，创建一个空簇，然后在簇中可以添加不同类型的对象控件，如数值型控件、布尔型控件和字符串控件等。将光标移到簇框架四周，当光标变成调整大小的斜箭头，单击并拖动箭头就可以改变簇框架的大小。

创建完成的簇作为一种复合型数据，只能选择输入控件或显示控件中的一种属性，不能同时拥有输入控件和显示控件两种属性。当选择一种属性以后，簇中所有元素都为此属性。

簇输入控件或显示控件的性质由最初添加的数据决定，但可以通过右键快捷菜单选项进行转换。如图 4.72 所示的簇为输入控件簇，选择簇框架的右键快捷菜单选项"转换为显示控件"就可以将簇转换成显示控件簇，此时所有元素都变成显示控件。

图 4.72　簇控件的属性

簇中的元素是有次序的。簇中元素的次序按照元素放入簇中的先后顺序排列。如果两个簇中元素相同，但排列顺序不同，那么这两个簇是不同的簇。

若要对簇中元素的次序进行修改，不必删除簇中元素重新添加，可以在簇框架的边框上单击鼠标右键，通过选择弹出的簇的右键快捷菜单中的"重新排序簇中的控件…"选项，进入次序设置窗口，重新设置簇中元素的顺序，如图 4.73 所示。

图 4.73　次序设置窗口

设置顺序的具体操作过程为：在工具栏"次序设置"框中，通过键盘输入设置元素次序号（一般从 0 开始）；将光标移至窗口，在需要设置顺序的元素区域框上依次单击鼠标，就能完成该元素顺序的设置。

4.5.2　簇函数

簇函数位于"函数"选板下"编程"选项下的"簇、类与变体"子选板中，如图 4.74 所示。

图 4.74　簇函数选板

下面对常用簇函数的使用进行详细介绍。

（1）按名称解除捆绑。

按名称解除捆绑函数的功能是根据名称有选择地输出簇的内部元素，其中元素名称是指元素的标签。

如图 4.75 所示，在前面板中创建一个簇，簇中包含数组、滚动条和字符串三个数据。将"按名称解除捆绑"函数拖放到程序框图中，初始情况下只有一个输出接线端，类型默认为簇中第一个输入数据类型，可通过鼠标左键单击该端口，选择希望解除捆绑的数据类型，或者在函数图标下拉图标边框以改变输出数据端口数量来同时对原簇数据中的几个值进行解除捆绑。

图 4.75　按名称解除捆绑函数的使用

（2）按名称捆绑。

按名称捆绑函数的功能是通过元素的名称来给簇的内部元素赋值，形成一个新的簇并输出。参考簇是必须的，该函数通过参考簇来获得元素的名称。

与"按名称解除捆绑"函数类似，将"按名称捆绑"函数拖放到程序框图中时，默认只有一个输入接线端，当其输入簇端口接入簇数据时，左侧的接线端口默认为第一个簇数据类型。同样可以通过鼠标左键单击该端口，选择希望替换的数据类型，并赋值；也可以利用函数图标下拉，通过改变赋值元素数量来同时对原簇数据中的几个值进行赋值。

下面通过编程来实现温度显示器对数据的显示。用一个温度配置器来设置显示方式和温度上限，用 0～100 的随机数来产生模拟数据。程序设计步骤如下。

步骤一：打开 LabVIEW 2016 工具，创建一个 VI，并保存为"簇温度显示器.vi"。

步骤二：创建前面板控件。打开前面板，向面板中添加两个簇控件，分别为"温度配置器"和"温度显示器"。在"温度配置器"簇中添加一个布尔型的水平摇杆控件，作为温度模式选择方式控件，开为华氏模式，关为摄氏模式；添加一个数值输入控件，作为温度上限值的设置控件。在"温度显示器"簇中添加一个数值型温度计控件，作为模拟温度数据的显示控件；添加三个布尔型的圆形指示灯控件，分别显示是否报警、摄氏模式和华氏模式；添加一个数值型显示控件，作为设置报警上限值的显示控件。

步骤三：程序框图的编写。在本框图中有一些结构需要我们在后面的章节中学习，我们这里只是简单应用，不具体解释。打开程序框图，在函数面板中选择"编程"/"结构"子面板，选择 While 循环结构添加到程序框图中，并且把两个簇对象放到循环体内；选择"编程"/"定时"子面板，选择"等待（ms）"函数，设置输入端子常量为 1000；添加一个数值型的"随机数（0-1）"函数，并扩大 100 倍，产生模拟温度数据；添加一个"按名称解除捆绑"函数，获取温度配置器簇里面的元素值；添加一个条件结构并在条件为真的框图中添加一个公式节点结构，在公式节点结构中输入华氏度与摄氏度的计算方法；添加一个簇常量对象为参考簇，在参考簇中添加五个不同的常量，分别表示簇的内部元素名称和类型；添加"按名称捆绑"函数，实现温度显示器簇内部元素的赋值功能。连接相应的接线端，如图 4.76 所示。

图 4.76　温度显示器程序框图

步骤四：运行程序，查看运行结果，如图 4.77 所示。

图 4.77　温度显示器前面板

（3）解除捆绑。

该函数的功能是解开簇中各个元素的值。默认情况下，它会根据输入簇自动调整输入端子的数目和数据类型，并按照内部元素索引的顺序排列。在每一个输出接线端对应一个元素，并在接线端上显示出对应元素的数据类型。同时，接线端上数据类型出现的顺序与簇中元素的数据类型顺序一致，但是可以选择输出元素的个数。

（4）捆绑。

该函数用来为参考簇中各元素赋值。一般情况下只要输入的数据顺序和类型与簇的定义匹配，就不再需要参考簇。但是当簇内部元素较多，或者用户没有太大把握的时候，建议加上参考簇。参考簇必须与输出簇完全相同，可以直接右击需要赋值的簇，选择"创建"下的

"常量"选项来创建一个与输出簇完全相同的常量簇作为参考簇。

下面读者就通过一个将不同类型的数据打包形成一个簇再向簇中添加元素的实例，来熟悉捆绑函数的应用。程序设计步骤如下：

步骤一：打开 LabVIEW 2016 工具，创建一个 VI，并保存为"簇捆绑.vi"。

步骤二：创建前面板。在前面板中创建一个软件相关的信息数据，数据类型分别为字符串、数值、布尔类型。在程序框图中，添加"捆绑"函数，设置 3 个输入端子，分别连接 3 个数据。在输出端口选择创建一个显示控件"软件信息"，运行程序，框图和前面板中结果如图 4.78 所示。

图 4.78　捆绑函数应用

步骤三：向已经存在的"软件信息"簇中添加一个新的"公司"数据。在程序框图中，继续添加"捆绑"函数，设置 2 个输入端子，分别连接"软件信息"簇和新添加的"公司"数据，运行程序，框图和前面板结果如图 4.79 所示。

图 4.79　捆绑函数添加新数据

（5）创建簇数组。

创建簇数组函数的功能是将每个组件的输入捆绑为簇，然后将所有组件簇组成以簇为元素的数组。每个簇都是一个成员。

如图 4.80 所示，首先需要将输入的两个一维数组转成簇数据，然后再将簇数据组成一个一维数组。生成的簇数组中有两个元素，每个元素均为一个簇，每个簇则含有一个一维数组。在使用簇数组时，要求输入数据类型必须一致。

图 4.80　创建簇数组函数的应用

（6）簇至数组转换/数组至簇转换。

簇与数组转换函数的功能是将相同数据类型元素组成的簇转换为数据类型相同的一维数组；数组至簇转换函数的功能是将一维数组转换为簇，簇元素与一维数组元素的数据类型相同。

把数组转换为簇时，必须指定簇的元素数量，因为 LabVIEW 无法预料输入数组的数量。默认的簇有 9 个元素，因此在使用"数组至簇转换"函数时，在创建的空簇中必须放入 9 个元素，当输入数组的值不足 9 个时，簇则默认为 0。可以通过鼠标右键单击函数图标，在快捷菜单中选择"簇大小"选项，弹出如图 4.81 所示的簇大小对话框，在界面中改变簇元素的个数，最大可达到 256 个。

图 4.81　簇大小对话框

4.6　矩　阵

在数学上，矩阵（Matrix）是指纵横排列的二维数据表格，最早来自方程组的系数及常数所构成的方阵，这一概念由 19 世纪英国数学家凯利首先提出。矩阵是高等代数学中的常见工具，也常见于统计分析等应用数学学科中。在物理学中，矩阵在电路学、力学、光学和量子物理中都有应用；在计算机科学中，三维动画制作也需要用到矩阵。矩阵的运算是数值分析领域的重要问题。将矩阵分解为简单矩阵的组合，可以在理论和实际应用上简化矩阵的运算。

LabVIEW 2016 之前的版本只能通过二维数组来实现矩阵的操作。但是数组的运算方法和矩阵的运算方法有很大区别，比如两个数组相乘是直接将相同索引的数组元素相乘，而矩阵的相乘必须按照线性代数中规定的方法相乘。因此，用数组实现矩阵运算是非常麻烦的。LabVIEW 2016 版本加入了对矩阵运算的支持，从而使矩阵运算变得非常简单。

4.6.1　矩阵概念

矩阵可存储实数或复数标量数据的行和列，故在矩阵运算中应使用矩阵数据类型，而不是使用二维数组表示矩阵数据。执行矩阵运算的数学 VI 接收矩阵数据类型并返回矩阵结果，这样数据流后续的多态 VI 和函数就可以执行特定的矩阵运算。如不执行矩阵运算的数学 VI 可支持矩阵数据类型，则该 VI 会自动将矩阵数据类型转换为二维数组。如将二维数组连接至默认为执行矩阵运算的 VI，根据二维数组的数据类型，该 VI 会自动将数组转换为实数或复数矩阵。

大多数数值函数支持矩阵数据类型和矩阵运算。例如，乘法函数可将一个矩阵与另一个矩阵或数字相乘。通过基本数值数据类型和复数线性代数函数，可创建执行精确矩阵运算的数值算法。

一个实数矩阵包含双精度元素，而一个复数矩阵包含双精度数组成的复数元素。矩阵只能是二维的，因此不能创建以矩阵为元素的数组。捆绑函数可联合两个或者更多的矩阵以创建一个簇。与数组一样，矩阵也有其限制。

数组函数可对矩阵中的元素、行和列进行操作。数组函数返回的是数组数据类型而非矩阵数据类型。例如，索引数组函数可提取矩阵的一行或一列生成一个标量值的一维数组，而非一行或一列矩阵。创建数组函数可将该一维数组与其他数组相联合，生成一个标量值的二维数组而非矩阵二维数组。如 VI 减少了矩阵维数，则需要将数据转换成一维数组或一个双精度浮点数或复数；如使用一维数组或数字重新创建一个二维结构，LabVIEW 将生成一个二维数组而非原来那个矩阵。

矩阵控件在控件面板的"数组、矩阵与簇"子面板中，如图 4.82 所示。只有实数矩阵和复数矩阵两种。矩阵左边有着与数组相同的索引框，不同的是矩阵的索引框中有两个值，不能增加或减少索引的数量。另外，矩阵比数组多了一对垂直滚动条和水平滚动条，矩阵的大小也可以通过矩阵框边上的句柄来调节。

矩阵函数位于"函数"/"数组"/"矩阵"子面板中，如图 4.83 所示。也可以通过"数学"/"线性代数"/"矩阵"子面板找到相关的矩阵函数。

图 4.82　矩阵控件

图 4.83　矩阵函数子面板

4.6.2　矩阵转置

矩阵转置是对输入矩阵进行转化，如输入矩阵是一个复数矩阵，则该 VI 进行共轭转置。连接至输入矩阵输入端的数据类型决定了所使用的多态实例。它的接线端口如图 4.84 所示。

图 4.84　矩阵转置函数

下面对一个矩阵进行转置，生成一个新的转置矩阵，再创建一个显示矩阵，具体编程如下：

步骤一：在程序的前面板，先创建一个"实数矩阵"作为输入矩阵，再创建一个"转置的矩阵"作为显示矩阵。

步骤二：在程序框图中，添加"矩阵转置"函数，把实数矩阵输出端连接到"矩阵转置"的输入端口，把"矩阵转置"函数的输出端子连接到"转置的矩阵"输入端子；添加"矩阵大小"函数，分别创建各个端子的默认显示控件，其连接线如图 4.85 所示。

步骤三：运行程序，前面板结果如图 4.86 所示，可以看到矩阵的行数和列数的值发生了交换。

图 4.85　矩阵转置程序框图

图 4.86　矩阵装置的前面板

除此之外，LabVIEW 还提供了丰富的线性代数运算函数，它们位于函数选板中的"数学"下的"线性代数"子面板中，如图 4.87 所示。此处不再赘述，读者可以根据帮助文档自己学习体会。

图 4.87　线性代数函数子面板

4.6.3 矩阵的基本运算

在此通过实例实现两个矩阵的简单加减乘除运算。矩阵的加减乘除运算都是按照矩阵的运算规则运算的。

首先，在前面板创建两个矩阵控件并赋值，然后在程序框图中添加加减乘除函数，分别将加减乘除函数的两个输入端与两个矩阵控件的接线端相连，最后在各个函数的输出端创建显示控件，如图 4.88 所示。运行程序，查看运行结果如图 4.89 所示。在矩阵的乘法运算过程中，如果两个输入矩阵不满足矩阵乘法运算的规则，那么结果为空矩阵。

图 4.88　矩阵基本运算框图

图 4.89　矩阵基本运算前面板

4.7　波　形

作为虚拟仪器语言，LabVIEW 在程序设计过程中与信号采集、处理和输出等操作有密切的联系。为了数据处理和程序设计的方便，LabVIEW 提供了一种独特的数据类型：波形数据。波形数据的结构与簇类似，可以看成是一种特殊类型的簇。

4.7.1 波形数据

在前面板中，"波形"数据控件位于控件选板的"新式"/
"I/O"/"波形"，选择控件置于前面板中，如图 4.90 所示。

波形数据包含以下几个组成部分：

（1）起始时间 t0，为时间标识类型。

（2）时间间隔 dt，为双精度浮点类型。

（3）波形数值 Y，为双精度浮点数组。

另外有一个隐藏部分"波形属性"，为变量类型，在波形数
据上单击鼠标右键，在弹出的快捷菜单中选择"显示项"下的
"属性"，即可显示，如图 4.91 所示。

图 4.90 "波形"数据

图 4.91 完整显示波形

4.7.2 波形操作函数

LabVIEW 提供了一些波形操作函数和子 VI 对波形数据进行操作。波形操作函数和子 VI
位于程序框图函数选板中的"编程"下的"波形"子面板中，如图 4.92 所示。

图 4.92 波形操作函数子面板

波形操作函数和子 VI 包括对波形属性、波形成分等的操作。表 4.14 详细列出了波形操作函数、子 VI 及其功能。

表 4.14　波形操作函数及其功能

函数名称	图标及端口	功能说明
获取波形成分	波形　t0　波形成分 … 波形成分　Y	将输入的波形解包，有选择地输出 t0、dt、Y 等数据
创建波形	波形 … 波形成分　Y　波形	根据输入的数据（t0、dt、Y 等）创建波形或修改输入的波形并输出
设置波形属性	波形　波形输出　名称　替换　值　错误输出　错误输入(无错误)	给输入的波形添加属性（名称和值）后输出
获取波形属性	波形　波形副本　名称　找到　默认值(空变体)　值　错误输入(无错误)　错误输出	从输入波形中读取指定"名称"的属性值，输出原输入波形和属性值，如果没有找到则输出默认属性值
模数转换	压缩数字(T)　数字波形　模拟波形　分辨率(输出)　分辨率(16位)　满刻度范围(输出)　满刻度范围(峰—峰)　错误输出　错误输入(无错误)　数据格式(二进制偏移量)	根据指定"分辨率（16位）"和"满刻度范围（峰—峰）"将输入的模拟波形转换为数字波形输出
数模转换	数字波形　模拟波形　满刻度范围(峰—峰)　分辨率(输出)　错误输入(无错误)　满刻度范围(输出)　数据格式(二进制偏移量)　错误输出	模数转换的反操作，将输入的数字波形转换为模拟波形输出
索引波形数组	波形数组　波形　索引　错误输出　错误输入(无错误)	提取输入波形数据中指定"索引"的波形并输出
复制波形 dt	波形输入　波形输出　索引　错误输出　错误输入(无错误)	将输入波形中所有 dt 数值替换为指定"索引"处 dt 数值
对齐波形时间标识	波形输入　波形输出　索引　错误输出　错误输入(无错误)	将输入波形中所有时间戳 t0 替换为指定"索引"处 t0
获取波形子集	开区间?(T)　开始/持续期格式　波形输入　波形输出　起始采样/时间　实际起始采样/时间　持续时间　实际持续期　错误输入(无错误)　错误输出	从输入波形指定的"起始采样/时间"处开始提取指定"持续期"的波形输出，并输出"实际起始采样/时间"值和"实际持续期"值，因为 dt 不连续可能导致实际起始值和持续值与输入值不完全相同

函数名称	图标及端口	功能说明
获取终止时间值	开区间?(T) 波形输入 错误输入(无错误) 波形输出 tf 错误输出	提取输入波形最后一个波形值输出(tf),并保持原输入波形不变输出
波形持续时间	开区间?(T) 波形输入 错误输入(无错误) 波形输出 持续时间 错误输出	计算输入波形的长度输出,并保持原输入波形不变输出
按 dt 缩放	波形输入 缩放因子 错误输入(无错误) 波形输出 错误输出	将输入波形中所有 dt 数值乘上"缩放因子"后输出
获取 XY 值	波形输入 Y位置格式 Y位置 错误输入(无错误) X值 波形输出 实际Y位置 Y值 错误输出	返回波形或数字数组集合的 X 和 Y 值,并保持原输入波形不变输出,另外输出提取波形值的实际位置,因为 dt 不连续可能导致实际位置与输入值不完全相同
获取波形时间标识数组	波形输入 匹配转换数组 错误输入(无错误) X数组 错误输出	提取输入波形中所有的时间戳,并组成一个数组输出

思考与练习

1. 写一个 VI 判断两个数的大小,如下图所示:当 A>B 时,指示灯亮。

2. 利用局部变量写一个计数器,每当 VI 运行一次计数器就加一。当 VI 关闭后重新打开时,计数器清零。

3. 写一个 VI 获取当前系统时间,并将其转换为字符串和浮点数。

4. 对字符串进行加密,规则是每个字母后移 5 位,例如 A 变为 F,b 变为 g,x 变为 c,y 变为 d…

5. 产生一个 3×3 的整数随机数数组，随机数要在 0 到 100 之间，然后找出数组的鞍点，即该位置上的元素在该行上最大，在该列上最小，也可能没有鞍点。

6. 参照下图，设计一个程序提取个人信息。功能如下：

（1）验证用户输入的身份证是否正确，正确则指示灯亮。

（2）通过用户输入的身份证计算出当前的年龄。

（3）显示用户的姓名和年龄。

7. 利用簇模拟汽车控制，如下图所示。控制面板可以对显示面板中的参量进行控制。油门控制转速，转速＝油门*100；档位控制时速，时速＝档位*40；油量随 VI 运行时间减少。

5   程序结构

程序的流程控制是程序设计的一项重要内容，直接关系到程序的质量和执行效率。对于 LabVIEW 这种基于图形方式和数据流驱动的语言，程序流程显得更为重要。在 LabVIEW 中，结构是程序例程控制的节点和重要因素。结构控制函数在代码窗口中是一个大小可调的方框，方框内编写该结构控制的图形代码，不同结构间可以通过连线交换数据。

本章主要介绍了 LabVIEW 2016 的 6 种基本结构：顺序结构、条件结构、循环结构、事件结构、定时结构和禁用结构，同时也介绍了公式节点、反馈节点和变量的使用方法。在程序框图窗口中，程序结构都位于函数选板的"编程"下的"结构"子选板中，如图 5.1 所示。

图 5.1   程序结构子面板

5.1   顺序结构

LabVIEW 最大的特点就是数据流驱动，所以程序不一定按图形代码的先后顺序执行。这是和传统的文本编程语言最大的不同，如果用户一定要指定某段代码的先后执行顺序，则可以用顺序结构来实现。顺序结构包含一个或多个按顺序执行的子程序框图或帧，程序中用帧结构来控制程序的执行顺序，执行完某一帧中的程序以后再执行下一帧中的程序。

LabVIEW 中的顺序结构有两种形式：平铺顺序结构和层叠式顺序结构。它们的功能是相同的，只是形式不同，层叠式可以节省更多的空间，让整个程序代码看上去更加整齐。

5.1.1　平铺式顺序结构

"平铺式顺序结构"位于"函数"选板"编程"下的"结构"子选板中，选择"平铺式顺序结构"对象，拖放到程序框图中，按住鼠标左键，向右下方拖动到一定大小松开，就创建好了一个平铺式顺序结构，如图 5.2 所示。

新建的平铺顺序结构只有一帧，可以通过右键快捷菜单，选择"在后面添加帧"选项或"在前面添加帧"选项，以在当前帧的后面或前面添加新帧。添加的帧平行排列，通过拖动四周的方向箭头可改变其大小，如图 5.3 所示。

图 5.2　平铺式顺序结构　　　　图 5.3　添加顺序结构

图 5.4 为平铺式顺序结构的操作步骤。在程序框图中创建平铺式顺序结构，先在第一帧中编辑加法运算，然后在后面添加一帧，在此帧中编辑减法运算，减法运算的被减数为第一帧中的和。平铺式顺序结构中两个帧之间的数据传递可以通过直接连线来实现，因此可以将第一帧中加法函数的输出端直接连接到第二帧中减法函数的被减数输入端口上。

图 5.4　"平铺式顺序结构"的使用

5.1.2　层叠式顺序结构

在 LabVIEW 2016 集成开发环境中，没有专门创建"层叠式顺序结构"的函数。"层叠式顺序结构"的创建方法是通过"平铺式顺序结构"转换而来。在"平铺式顺序结构"对象中，选择右键快捷菜单中的"替换为层叠式顺序"选项，即可创建"层叠式顺序结构"。"层叠式顺序结构"添加帧方法与"平铺式顺序结构"相同，只是展现在用户面前的形式不同。对于"层叠式顺序结构"，用户只能看到一个帧，其他帧是层叠起来的，如图 5.5 所示。代码按"0、

1、2、…"的帧结构顺序执行，顺序框图上方显示的是当前帧的序号和帧的总数，例如"0[0..3]"表示这个程序共用 4 帧，当前为第 1 帧。

对于平铺式的顺序结构，前后帧的数据可以通过数据连线直接传递，而对于"层叠式顺序结构"的数据传递，则要借助于局部变量来实现。

图 5.5　层叠式顺序结构

创建"层叠式顺序结构"局部变量的方法是在顺序结构的边框上单击鼠标右键，在快捷菜单中选择"添加顺序局部变量"选项，这样，在每一帧的对应位置会出现一个方框。小方框可以沿框四周移动，颜色随传输数据类型的系统颜色发生变化，如传输数据为浮点数据变量时其颜色为橙色。对于添加代码的顺序结构框体，当添加局部变量后，方框中有一个箭头，如果箭头朝外，则表示数据向外传递，反之，则表示数据向内传递；对于未添加代码的顺序结构框体，添加代码后只是出现方框，而没有表示数据流向的箭头，如图 5.6 所示。在顺序结构中，数据只能从编号小的帧向编号大的帧传递，不能反向。

图 5.6　顺序结构局部变量

删除"层叠式"局部变量的方法是在局部变量小方框上单击鼠标右键，在弹出的快捷菜单中选择"删除"选项，将删除选中的局部变量。

5.1.3　顺序结构之间的转换

"平铺式顺序结构"和"层叠式顺序结构"功能相同，相互之间可以方便地进行转换。通过平铺式顺序结构的右键快捷菜单选项"替换为层叠式顺序"，可以将平铺式顺序结构转换为层叠式顺序结构。如果平铺式顺序结构帧之间有数据线连接，则相应地转换为局部变量，如图 5.7 所示。

图 5.7　"平铺式顺序结构"转换为"层叠式顺序结构"

通过层叠式顺序结构的右键快捷菜单选项"替换"下的"替换为平铺式顺序"，可以将层叠式顺序结构转换为平铺式顺序结构，如果层叠式顺序结构有局部变量，则转换为数据连线。

顺序结构是一种强制的串行机制，虽然可以保证执行顺序，但同时也阻止了并行操作。在 LabVIEW 程序设计过程中，应充分利用 LabVIEW 固有的并行机制，避免使用过多的顺序结构。

为了查看顺序结构中代码的执行顺序，加深对顺序结构功能的理解，下面通过实例来查看顺序结构中代码的执行顺序。程序创建过程如下：

步骤一：新建一个 VI，切换到程序框图，创建一个平铺式顺序结构，在结构边框上单击鼠标右键，在弹出的快捷菜单中选择"在后面添加帧"选项，创建一个新帧。

步骤二：在第一帧中添加两个数值常量"x"和"y"，同时添加一个加法函数，将 x + y 的值通过显示控件显示出来。在第二帧中添加两个 DBL 数值常量"a"和"b"，同时添加一个乘法函数，将"a*b"的值通过显示控件显示出来。

步骤三：将顺序结构两个帧里面的程序框图复制到顺序结构外。单击工具菜单的"高亮显示"按钮，运行程序，程序框图和程序运行时的状态如图 5.8 所示。

图 5.8　顺序结构代码执行顺序

图中高亮显示的部分为当前正在运行的代码，未高亮显示部分表示等待执行的代码，从中可以直观地看出程序运行顺序。

为了观察层叠式顺序结构局部变量的数据流向，下面同样通过一个实例来说明。程序创建步骤如下：

步骤一：新建一个 VI。在前面板放置两个数值输入控件，命名为"x"和"y"，再放置两个数值显示控件，命名为"x + y"和"（x + y）^2"。

步骤二：切换到程序框图，创建一个层叠式顺序结构，并在后面添加一个帧。在第一帧中放置一个"加"函数，输入分别与"x""y"连接，输出与"x + y"对象连接。

步骤三：创建一个层叠式顺序结构的局部变量，将第一帧中的"x + y"连接到局部变量。

步骤四：单击帧标签，切换到第二帧，添加"平方"函数，将输入连接到局部变量，输出连接到"（x + y）^2"对象。

步骤五：单击工具菜单的"高亮显示"按钮，运行程序，结果如图 5.9 所示，用户可以改变控件"x"和"y"的值，再观察变化。

图 5.9 "层叠式顺序结构"局部变量应用

5.2 条件结构

"条件结构"类似于文本编程语言中的 switch 语句、if else 结构或 case 结构。条件结构的创建与顺序结构相似，位于函数选板的"编程"下"结构"选项中的"条件结构"。条件结构包含多个子程序框图，根据传递给该结构的不同输入值执行相应的子程序框图。条件结构每次只能显示一个子程序框图，并且每次只执行一个条件分支。条件结构框由选择器标签、分支选择器和分支子程序框组成，如图 5.10 所示。

图 5.10 条件结构框图

5.2.1 条件选择器标签

位于条件结构顶部的条件选择器标签由结构中各个条件分支对应的选择器值名称以及两边的递增、递减箭头组成，用来添加、删除、编辑和选择浏览不同的分支。

在新建一个条件结构框时，默认为布尔型条件结构，选择器标签中包含"真"分支和"假"分支，如图 5.11 所示。单击递增、递减箭头可以滚动浏览已有条件分支；也可以单击条件名称旁边的向下箭头"▾"，从下拉菜单中选择一个条件分支，标记"√"的标签表示被选中标签。

当默认的布尔型条件结构不符合程序设计要求，或需要更多的条件分支时，可以通过选择器标签右键快捷菜单来进行修改。选择器标签右键快捷菜单如图 5.12 所示。其中第三栏和第四栏中的选项是对条件分支进行操作，其具体功能如下：

图 5.11 条件结构选择器标签　　　　　图 5.12 选择器标签的右键快捷菜单

（1）在后面添加分支：在当前分支后添加一个分支，分支框中为空。

（2）在前面添加分支：在当前分支前添加一个分支，分支框中为空。添加分支的位置不同将影响着分支的顺序。

（3）复制分支：在当前分支后添加一个分支，并将当前分支框中的所有程序复制至新的分支中。

（4）删除本分支：删除当前分支和分支框中的程序。

（5）删除空分支：删除条件结构中程序框为空的分支。如果所有的分支程序框都为空，则自动保留排在最前的分支。

当分支个数超过两个时，选择器标签的右键快捷菜单中第四栏的选项会发生变化，如图5.13所示。

（6）显示分支：从子菜单中选择分支，与选择器标签上单击"▼"显示分支下拉菜单作用相同。

（7）交换分支的程序框图：将当前分支程序框图中所有程序和选中的分支程序框图中程序进行互换，并跳转至选中的分支。

（8）重排分支…：调整分支顺序，打开"重排分支"对话框，如图5.14所示。在"分支列表"中选择一个分支拖拽到新位置，可改变分支顺序。在"分支选择器全名"中可以改变分支名称或条件。

图5.13　多分支的右键快捷菜单

图5.14　"重排分支"对话框

5.2.2　分支选择器

根据分支标签的不同，分支选择器端子可以连接的数据类型也不同，可以是整型、布尔型、字符串型或枚举型。当分支结构中有两个分支时一般使用布尔型，包括"真"和"假"分支；当分支结构中有多个分支时使用整型、字符串型或枚举型。

选择器接线端常用的类型有布尔型和整型，默认连接布尔型变量。当选择器接线端连接整型变量时，默认的布尔型分支标签自动变为数值 0 和 1，并设置一个默认分支，如图 5.15 所示。如果将默认分支删除了或者没有默认分支，就要选择一个分支作为默认分支，否则程序会提示错误。当选择器接线端连接整型量时，选择器标签可以在十进制、十六进制、八进制和二进制之间转换。选择选择器标签右键快捷菜单"基数"子菜单中的数值进制选项即可进行转换，如图 5.16 所示。

图 5.15　整型分支选择端子　　　　图 5.16　分支选择端子数值进制转换

5.2.3　分支子程序框

分支子程序框用来放置不同分支对应的程序。不同的分支子程序框内的程序和变量是相互独立的。

分支子程序框的内部可以与程序框外部进行数据交换。内部和外部数据相连接时在条件结构框上产生一个数据通道，并通过数据通道进行数据交换。当向条件结构框中输入数据时，每个分支连接或者不连接这个数据通道都是可以的，但是在从条件结构向外输送数据时，每个分支必须为这个通道连接数据，否则程序会提示出错。

如果某个分支没有数据要与输出通道连接，则可以在数据通道上单击鼠标右键，在弹出的快捷菜单中选择"未连线时使用默认"选项，程序运行时，会在这些分支的通道节点处输出相应数据类型的默认值。如果有一个分支没有连接这个数据通道，则在这个分支中，该通道是空心的，连接数据后变成实心，程序才能正常执行。

下面我们通过利用条件结构分别实现两个数的加、减、乘、除四种运算操作，并输出相应的结果的实例，来熟悉条件结构的具体应用。程序设计步骤如下：

步骤一：新建 VI。打开前面板界面，添加两个数值输入控件，命名为"x"和"y"；添加一个下拉列表控件，命名为"操作"；添加一个数值显示控件，命名为"结果"。

步骤二：编辑下拉列表操作项。右键点击下拉列表控件，在弹出的快捷菜单选择"编辑项"选项或选择"属性"选项，进入编辑"下拉列表类的属性"对话框。插入加、减、乘、除四个项，分别对应 0、1、2、3 这四个值，如图 5.17 所示，点击"确定"按钮。

图 5.17　"下拉列表类的属性"对话框

步骤三：编辑程序框图。在程序框图中，新建一个条件结构框，连接"操作"下拉列表对象的输出端与条件分支选择器，并在条件选择器标签中将分支添加到四个，分别为 0、1、2、3。

步骤四：为各分支添加分支程序。在分支 0、1、2、3 中分别添加加、减、乘、除操作函数，结果输出至"结果"显示控件，如图 5.18 所示。

步骤五：完善分支结构数据通道。右键点击数据通道，选择"未连线时使用默认"选项。

图 5.18　分支子程序框图

步骤六：运行程序，显示结果。在前面板窗口中，为 x 和 y 控件添加任意数值，选择下拉列表任意选项，点击工具栏中的"运行"按钮，就可以看到各种运算结果，如图 5.19 所示。

图 5.19　前面板运行结果

5.3　循环结构

LabVIEW 2016 提供两种循环结构：For 循环和 While 循环。两种循环结构的功能基本相同，但使用上有一些差别：For 循环必须指定循环总次数，到指定循环次数后自动退出循环；而 While 循环则不用指定循环次数，只需要指定循环退出条件，如果循环退出条件成立，则退出循环。

在程序框图窗口中，两种循环结构都位于"函数"选板"编程"下的"结构"子面板中。循环结构提供重复执行一些代码的操作，这种操作与文本语言的功能类似，这在程序设计中有很重要的作用。

5.3.1　For 循环

For 循环按照设定好的循环总次数 N 执行结构内的对象。它包含两个端子：循环总数（输入端口）和循环计数（输出端口），如图 5.20 所示。

图 5.20　For 循环结构图

循环总数端口 N 用于指定框图代码的执行总次数，它是一个输入端口，除非应用了自动索引功能，否则必须输入一个整数型。当连接一个浮点数时，LabVIEW 会自动对它按四舍五入的原则进行强制转换。循环计数端口是一个输出端口，它记录着当前的循环次数，要注意的是，它是从 0 开始的，框图内的子程序每执行一次，i 的值就自动加 1，直到 N-1，程序自动跳出循环。For 循环也可以添加循环条件端口，添加方法是：右键 For 循环边框，在弹出的快捷菜单中选择"条件接线端"即可，如图 5.21 所示。

图 5.21　For 循环添加循环条件端子

建立 For 循环结构需要以下几个步骤：

（1）放置 For 循环框。在"函数"选板的"编程"下的"结构"子面板上，单击鼠标左键或右键选择"For 循环"，然后在程序框图窗口空白区域单击鼠标左键，向右下方拖动鼠标使虚线框达到合适大小，再单击鼠标左键即完成 For 循环框的放置。For 循环框创建完成后，将鼠标移至边框上，出现方位箭头，按住鼠标拖动就可改变框的大小。

（2）添加循环程序。在循环框中添加循环程序对象。注意：循环程序的所有对象都要包含在框内，否则不被视为循环程序。

（3）设置循环次数。设置循环次数有直接设置和间接设置两种方法。直接设置方法就是直接给 N 赋值来设置循环次数，即在 N 上单击右键，从弹出菜单中选择"创建变量"，在该变量控件中输入数值常量。循环次数 N 为整型量，如果所赋值不是整型量，则将按四舍五入的原则强制转换为最接近的整型量。间接设置方法则是利用循环结构的自动索引功能来控制循环次数。

5.3.2　While 循环

While 循环重复执行循环体内的代码，直到满足某种条件为止。While 循环包含两个端口：循环次数（输出端口）和循环条件（输入端口），如图 5.22 所示。

图 5.22　While 循环结构图

While 循环的循环条件输入端口是一个布尔型的量，默认情况下，当条件满足时循环停止，如图 5.23 中有"1"的图所示。用户也可以将它设置成当满足条件时循环，如图 5.23 中有"2"的图所示，具体方法为：单击循环条件端口。

图 5.23　While 循环

创建 While 循环的步骤与创建 For 循环类似，需要以下几个步骤：

（1）放置 While 循环框。在"函数"选板"编程"下的"结构"子面板上，单击鼠标左键或右键，选择"While 循环"，然后在程序框图窗口空白区域单击鼠标左键，向右下方拖动鼠标使虚线框达到合适大小，再单击鼠标左键即完成 While 循环框的放置。While 循环框创建完成后，将鼠标移至边框上，出现方位箭头，按住鼠标拖动就可改变框的大小。

（2）添加循环对象。同样，循环程序的所有对象都要包含在框内。

（3）设置循环条件判断方式。在循环条件端口单击右键，弹出如图 5.24 所示的快捷菜单。可以选择条件判断方式"真（T）时停止"或"真（T）时继续"，默认设置为"真（T）时停止"。选择"创建输入控件"添加一个控件来控制布尔量，此时前面板窗口会出现一个按钮，用来进行判断条件的控制。

5.3.3　循环结构数据通道与自动索引

图 5.24　While 循环条件判断方式

循环结构数据通道是循环结构内数据与结构外数据交换（输入/输出）的必经之路，位于循环结构框上，显示为小方格。For 循环结构和 While 循环结构的数据通道如图 5.25 所示。通道的数据类型与输入的数据类型相同，通道的颜色也与数据类型的系统颜色相同，如浮点数据通道颜色为橙色。

图 5.25　循环结构数据通道

添加循环结构的输入数据通道方法如图 5.25 所示。在程序框图界面中，单击工具选板上的"进行连线"工具后，连接数值输入控件输出端口和乘法函数对象的输入端口后，系统自动生成数据通道。循环结构的输出数据通道，如果直接连接可能出错，当出现错误标识后，可以右键数据通道，在弹出的快捷菜单中选择"隧道模式"下的"最终值"即可，如图 5.26所示。

图 5.26　数据通道隧道模式

在执行循环程序过程中，循环结构内的数据是独立的。输入循环结构中的数据是在进入循环结构之前完成的，进入循环结构以后不再输入数据；循环结构输出数据是在循环执行完毕以后进行的，循环执行过程中不再输出数据。

当循环结构外部与数组相连接时，在数据通道可以选择自动索引功能。自动索引自动计算数组的长度，并根据数组最外围的长度确定循环次数。在数据通道上单击鼠标右键，选择快捷菜单中的"启用索引"，即可启用自动索引功能，如图 5.27 所示。

图 5.27　启动自动索引功能

启动自动索引功能后，For 循环结构的输出数据通道发生了变化，变为两侧分别连接不同维数的数据。此时，前面板的界面运行结果如图 5.28 所示。

图 5.28　前面板运行结果

5.3.4　移位寄存器

在循环结构中经常用到一种数据处理方式，即把第 i 次循环执行的结果作为第 i + 1 次循环的输入，LabVIEW 循环结构通过移位寄存器来实现这种功能。

在循环体的边框上单击鼠标右键，在弹出的菜单中选择"添加移位寄存器"即可完成移位寄存器的创建。这时，在循环体的两个竖边框上会出现两个相对的端口，它们的颜色是"黑色"，只有将它连接到相应的数据端时，才会显示相应的数据类型颜色，如图 5.29 所示。其中，右侧的端口用来存放本次循环的结果，左侧的端口存放上次循环的结果。

图 5.29　循环结构移位寄存器

移位寄存器的左右端口可以成对出现，也可以"一对多"存在。在"一对多"的情况下要特别注意的是，只能是右侧的"一个端口"对应左侧的"多个端口"，而不能反向。添加"一对多"端口时，在移位寄存器上单击鼠标右键，在弹出的快捷菜单中选择"添加元素"可为左侧端子添加一个元素，选择"删除元素"删除一个元素，选择"删除全部"则删除整个移位寄存器。在一个循环框中，可以添加多个移位寄存器。

移位寄存器可以存储的数据类型有数值型、布尔型、数组、字符串型等，给移位寄存器赋初值称为"显示初始化"。LabVIEW 支持移位寄存器"非初始化"，当首次执行时，程序自动给寄存器赋初值 0，对于布尔型的数据，则为"False"。后一次程序执行时就调用前一次的值，只要 VI 不退出，则寄存器一直保持前一次的值。

5.3.5 反馈节点

除了使用移位寄存器可以实现前后两次数据的交换之外，还可以用反馈节点来实现。反馈节点的基本功能与移位寄存器是相似的，它的优点在于可以节省空间，使程序看上去更加紧凑。

反馈节点位于"函数"选板"编程"下的"结构"子面板上，用来在循环结构之间传递数据，相当于只有一个左侧端子的移位寄存器。当它没有与任何数据连接时，是黑色的，与数据连接之后就变成与数据类型相应的颜色，如图 5.30 所示。与移位寄存器一样，反馈节点也要进行初始化，否则会造成不可预料的结果。

（a）连接数据前　　　　　　（b）连接数据后

图 5.30　反馈节点

反馈节点和有一个左侧端子的移位寄存器可以相互转换。在移位寄存器的右键快捷菜单中选择"替换为反馈节点"可将移位寄存器转换为反馈节点；在反馈节点的右键快捷菜单中选择"替换为移位寄存器"可将反馈节点转换为移位寄存器，如图 5.31 所示。

图 5.31　反馈节点与移位寄存器相互转换

5.3.6 循环结构应用实例

为了让读者更加熟悉循环结构的应用，下面讲解几个应用实例。

1. 自然数求和

第一个实例是求前 100 个自然数的和，创建程序的步骤如下：

步骤一：新建 VI。打开程序框图，添加一个 For 循环结构。

步骤二：设置循环次数。在循环体的 N 端单击鼠标右键，选择"创建"下的"常量"，默认值为"0"，双击"0"，改为"100"。

步骤三：添加移位寄存器。在 For 循环的结构边框上单击鼠标右键，在弹出的快捷菜单中选择"添加移位寄存器"，并给左端的移位寄存器端子赋初值为"0"。

步骤四：添加"加法"函数。在循环体内添加一个"加法"函数，将其中的一个输入端连接左端移位寄存器的输出端；将循环次数 i 增加 1 后连接"加法"函数的另一个输入端子；将"加法"函数的输出端连接右端移位寄存器输入端；通过右端移位寄存器的输出端创建一个显示控件，如图 5.32 所示。运行程序，查看前面板的显示控件结果为 5050。

图 5.32 "加法"函数

For 循环在输出和输入数组时都有自动索引功能，输出数组的索引功能能够将每次循环得到的结果组合成数组输出到 For 循环外，数组内元素的索引值与产生该元素 For 循环的"i"值相同。如果关闭输出端的自动索引功能，For 循环只会将最后一次循环得到的结果传输到 For 循环外。向 For 循环输入数组时，输入端的索引功能也会自动打开，这时不需要设置 For 循环的"N"值，循环的总次数与数组的元素数量相同。

2. 二维数组运算

第二个实例是利用 For 循环进行二维数组运算，该实例中的内外两个 For 循环均不需要设置"N"值，外部 For 循环的循环次数与二维数组的行数相同，内部 For 循环的循环次数与二维数组的列数相同。在外部循环的"i"值为"0"时，二维数组的第一行子数组进入循环体再输入至内部 For 循环。内部循环按照该行的元素顺序依次将元素输入。内部 For 循环结束后，外部循环的"i"值自动加为 1 进入下一轮外部循环。程序框图如图 5.33 所示。

图 5.33 For 循环实现二维数组的循环运算程序框图

该程序框图运行结果如图 5.34 所示，根据结果可以发现二维数组的第一列数据增加了 0，第二列数据增加了 1，第三列数据增加了 2。这个增加值就是外部循环的"i"值。

图 5.34 For 循环实现二维数组的循环运算效果图

3. 波形图连续显示

第三个实例是为了读者掌握 While 循环的基本功能和用法。使用 While 循环实现波形图的连续显示，程序设计步骤如下：

步骤一：新建 VI，在程序框图中添加 While 循环结构，并为循环条件创建一个输入控件。

步骤二：在 While 循环体内，添加"仿真信号"函数。选择"编程"/"波形"/"模拟波形"/"波形生成"/"仿真信号"函数，设置函数的属性，使函数能够生成连续正弦信号。

步骤三：在前面板添加"波形图"显示控件，将"仿真信号"函数产生的信号接入波形图控件的接线端。

步骤四：程序编辑完成后，单击前面板的"运行"按钮，可以看到程序一直在运行，波形图显示控件正在连续显示正弦波。

在程序运行时，打开计算机的"任务管理器"窗口，可以看到计算机 CPU 的使用率一直很高。这是因为在没有给 While 循环设定循环时间间隔的情况下，计算机会以 CPU 的极限速度运行 While 循环，在很多情况下这样做是没有必要而且极其危险的。如果 LabVIEW 程序较大，这样可能会导致计算机死机。因此，用户在使用 While 循环时需要设定一个循环间隔，即在 While 循环体内增加等待定时器。

LabVIEW 中的定时器位于函数选板"编程"下的"定时"子面板中。等待定时器主要有两种：一种是"等待（ms）"，图标为"📷"，等待指定时间；另外一个是"等待下一个整数倍毫秒"，图标是"📷"，即等待到计时器的时间是输入值的整数倍为止。一般情况下，两种定时器是一样的。

步骤五：添加等待定时器。选择"等待（ms）"定时器添加到循环体内，在输入端创建一个常量，输入 100，表示每 100 毫秒运行一次这个程序。程序框图如图 5.35 所示。

步骤六：运行程序，查看前面板结果，如图 5.36 所示。再查看计算机的任务管理器，与未添加定时器时相比，计算机的 CPU 使用率大幅度降低了。因此，使用 While 循环时一定要注意的两点便是添加循环条件和定时器。

图 5.35 While 循环显示波形框图

图 5.36 While 循环显示波形效果图

5.4　公式节点

在程序设计中，如果只用图形和线条来描述计算和算法过程，有时候会显得比较烦琐。公式节点工具弥补了这个不足。公式节点是一种便于在程序框图上执行数学运算的节点，在公式节点中可以使用算术表达式来实现算法过程，用户无需使用任何外部代码或应用程序，在创建方程时无需连接任何基本算术函数。除接收文本方程表达式外，公式节点还接收 C 语言中的 if 语句、While 循环、For 循环、do 循环等，这些程序的组成元素与在 C 语言程序中的元素相似，但不完全相同。

公式节点特别适用于含有多个变量和较为复杂的方程，以及对已有文本代码的利用。可通过复制、粘贴的方式将已有的文本代码移植到公式节点中，无须通过图形化的编程方式再次创建相同的代码。

公式节点位于函数选板"编程"下的"结构"子面板中，新建的公式节点类似于循环结构的方框。但公式节点中不是子程序框图，而是一个或多个用分号隔开的类似于 C 语言的语句。

5.4.1　公式节点变量

"公式节点"在程序中的作用相当于一个数值运算子程序，可以进行参数的输入和输出，参数传递通过输入变量和输出变量实现。

需要添加输入和输出变量时，右键单击公式节点边框，在弹出的快捷菜单中选择"添加输入"，添加一个输入变量；选择"添加输出"添加一个输出变量。输入和输出变量在节点框上，可以沿框四周移动。在变量中添加变量名，即完成变量的定义。如图 5.37 所示的公式节点中定义了 x、y 两个输入变量和一个输出变量 z。

图 5.37　公式节点的输入和输出变量

在变量上单击鼠标右键，在弹出的快捷菜单中选择"删除"将删除该变量；选择"转换为输出"将输入变量转换为输出变量；选择"转换为输入"将输出变量转换为输入变量，如图 5.38 所示。

图 5.38　公式节点变量操作

下面我们分别用图形化编程和公式节点编程来计算表达式 z=x^2 + y^2 + x*y 的值。用公式节点编程和图形化编程的程序框图如图 5.39 所示。

图 5.39　公式节点和图形化程序比较

通过图 5.39 可以看出，公式节点在一定程度上简化了程序设计，在变量较多、计算过程较复杂的数值运算过程中，公式节点的优势更为明显。

应用公式节点要注意以下几个方面：

（1）一个公式节点中包含的变量或方程的数量不限。

（2）两个输入或两个输出不能同时使用相同的名称，但一个输入和一个输出可以名称相同。

（3）可以使用公式节点的右键快捷菜单选项添加输入变量，但不能像 C 语言中声明变量一样在公式节点里声明输入变量。

（4）输出变量的名称必须与在公式节点内部声明的输出变量名称相匹配。

（5）公式节点内部可以声明和使用一个与输入变量或输出变量无关的变量。

（6）输入端不能置空，所有输入端必须有连接。

（7）所有的变量不能有单位。

5.4.2　公式节点运算符和函数

公式节点中的公式描述与文本编程语言中的描述比较相似。公式节点中会使用到一些运算符，而且分别有不同的优先级。

公式节点中可以使用的运算符和函数与前面的表达式节点完全相同。数学函数有：abs、acos、acosh、asin、asinh、atan、atan2、atanh、ceil、cos、cosh、cot、csc、exp、expm1、floor、getexp、getman、int、intrz、ln、lnp1、log、log2、max、min、mod、pow、rand、rem、sec、sign、sin、sinc、sinh、sizeOfDim、sqrt、tan 和 tanh。支持的运算符有：=、+ =、-=、*=、/=、>>=、<<=、&=、^=、→=、%=、**=、+、-、*、/、^、!=、==、>、<、>=、<=、&&、→、→、→、&、%、**、!、+ +、→、~。

"公式节点"的文本编程语言与 C 语言非常接近，但是只能实现基本的逻辑流程和运算，不能对文件或设备进行操作或通信，没有输入输出语句。其主要有以下几种语句：变量声明和赋值语句，条件语句，循环语句，switch 语句，控制语句，注释方法为//或/*……*/。

下面我们学习用"公式节点"进行绘制任意函数曲线的实例，本例是用公式节点实现两个函数的计算，并在同一个波形图中绘制指定点数的图形，两个函数的公式分别为：$y_1=ax^{1/2}$ 和 $y_2=b\ln x$。创建程序的步骤如下：

步骤一：新建一个 VI，在前面板上放置 3 个数值输入控件，分别命名为"a""b"和"点数"；1 个"波形图"显示控件，拉伸图例曲线显示为两条，分别命名为"y1"和"y2"。

步骤二：编写程序框图。打开程序框图，添加一个"公式节点"，在程序框内输入公式 y1=a*sqrt（x）和 y2=b*ln（x）的表达式。

步骤三：在"公式节点"外添加一个 For 循环结构，循环次数与"点数"输入控件相连接。创建公式节点的 3 个输入端口，添加参数为"a""b""x"，其中"a"与"a"输入控件连接作为"y1"的系数，"b"与"b"输入控件连接作为"y2"的系数，"x"与 For 循环的计数端口"i"连接，作为函数的自变量。创建公式节点的 2 个输出端口，添加参数为"y1"和"y2"。

步骤四：添加"创建数组"函数，选择"函数"/"编程"/"数组"/"创建数组"函数，添加到 For 循环外部，将"y1""y2"两个输出参数连接"创建数组"函数的两个输入端，二维数组输出端与波形图连接，程序框图如图 5.40 所示。

步骤五：运行程序，查看前面板效果，如图 5.41 所示。用户可以改变系数"a"和"b"的值与绘制图形的"点数"值，再观察波形的变化。

图 5.40　公式节点实现函数绘制程序框图

图 5.41　公式节点实现函数绘制效果图

5.5　事件结构

事件结构用来响应用户界面操作，如点击鼠标、按下键盘、退出程序等操作。事件结构的工作原理与内置的条件结构相似。在 VI 程序中设置事件就可以对数据流进行编程控制，在事件没有发生之前一直处于等待状态，如果事件触发就响应执行相应的代码。

事件结构可包含多个分支，一个分支对应一个独立的事件处理程序。一个分支配置可处理一个或多个事件，但每次只能发生这些事件中的一个事件。事件结构执行时，将等待一个之前指定事件的发生，待该事件发生后即执行事件相应的条件分支。一个事件分支处理完毕后，事件结构也就执行完毕。事件结构并不通过循环来处理多个事件。

事件结构位于函数选板的"编程"/"结构"子面板中，创建事件结构的方法与创建循环结构类似，在程序框图上拖动鼠标即可创建一个事件结构的代码框，如图 5.42 所示。

图 5.42　事件结构

"事件结构"主要包括事件选择器标签、事件超时接线端、事件数据节点和程序框。"事件超时"接线端连接值，用于指定事件结构等待某个事件发生的时间，以毫秒为单位，默认值为"-1"，即永不超时。"事件数据节点"用于识别事件发生时 LabVIEW 返回的数据，根据事先为各事件分支所分配的事件，该节点可显示事件结构每个分支中不同的数据，如配置单个分支处理多个事件，则只有被所有事件类型所支持的数据才可用。"事件选择器标签"显示当前事件分支的名称。

5.5.1　事件选择器标签

与条件结构中的分支选择器标签作用类似，事件选择器标签用来添加、删除、编辑和选择所处理的事件。

在事件结构边框上单击鼠标右键，弹出如图 5.43 所示快捷菜单。快捷菜单的第 3 栏是对事件进行操作选择：选择"添加事件分支…"添加一个新事件；选择"复制事件分支…"添加一个新事件并复制当前事件框代码至新事件；选择"编辑本分支所处理的事件…"编辑当前事件；如果有两个或两个以上事件分支，可选择"删除本事件分支…"，以删除当前事件。

图 5.43　事件结构右键快捷菜单

选择"添加事件分支…"或"编辑本分支所处理的事件…",将弹出如图 5.44 所示的"编辑事件"对话框。

图 5.44　"编辑事件"对话框

"编辑事件"对话框包括以下几个部分。

（1）事件分支：列出事件结构分支的总数及名称。从下拉菜单中选择一个条件分支并为该分支编辑事件；切换到其他条件分支时，事件结构将更新，从而在程序框图上显示选中的条件分支；每个条件分支可以包含多个事件，这些事件被触发时分支都会做出响应。

（2）事件说明符：列出事件源（应用程序、VI、动态或控件）和事件结构当前分支处理的所有事件名称。事件说明符分为左右两栏，左侧栏为事件源，右侧栏为事件名称，如图 5.44 所示。"<应用程序>"为事件源，"超时"为事件。"事件源"和"事件"高亮显示"事件说明符"部分选定的事件名。单击不同的"事件源"和"事件"，可以改变"事件说明符"部分高亮显示的项；单击"添加事件"和"删除"按钮分别可以添加和删除事件。

（3）事件源：列出按类排列的事件源。在配置的事件中选择一个事件或添加一个事件后可在此列表中选择事件源。

（4）事件：列出事件源对应的事件列表。选择事件源以后就可以在此列表中选择其中包含的事件。

5.5.2　事件数据节点

事件数据节点提供事件数据，默认的事件数据节点包括"类型"和"时间"两个数据端子。若要改变数据端子类型，单击数据节点中的端子，从下拉列表中选择其他类型数据端子即可。如果需要更多的数据端子，可在事件数据节点上添加元素。添加元素的方法有两种：

（1）拖动数据端子框上下的箭头，改变数据端子框的大小，其中元素个数也会发生相应变化，然后再更改数据端子类型。

（2）在数据端子上单击鼠标右键，在弹出的快捷菜单中选择"添加元素"以添加端子。

反之，如果要删除数据端子，同样可以采用拖动上下箭头减小端子边框大小，或使用鼠标单击数据端子，在弹出的快捷菜单中选择"删除元素"两种方法。

5.5.3 事件结构的设置

1. 事件结构的设置步骤

设置事件结构，一般可分为以下几个步骤：

（1）创建一个事件结构。

（2）设置超时参数。

（3）添加或删除事件分支。

（4）编辑触发事件结构的事件源。

（5）设置默认分支结构（系统默认将超时分支作为默认分支）。

（6）创建一个 While 循环，将事件结构包含在 While 循环体内。

2. 事件结构的使用建议

事件结构的应用非常广泛，在程序设计过程中使用事件结构时有以下几个建议：

（1）避免在循环外使用事件结构。

（2）将事件触发源控件放置在相应的事件分支中。

（3）不要使用不同的事件数据将一个分支配置为处理多个过滤事件。

（4）如含有事件结构的 While 循环基于一个触发停止的布尔控件的值而终止，记得在事件结构中处理该触发停止布尔控件。

（5）如无需通过程序监视特定的前面板对象，可考虑使用"等待前面板活动"函数。

（6）用户界面事件仅适用于直接的用户交互。

（7）避免在一个事件分支中同时使用对话框和"鼠标按下？"过滤事件。

（8）避免在一个循环中放置两个事件结构。

（9）使用动态注册时，确保每个事件结构均有一个"注册事件"函数。

（10）使用子面板控件时，含有该子面板控件的顶层 VI 将处理事件。

（11）如需在处理当前事件的同时生成或处理其他事件，考虑使用"事件回调注册"函数。

（12）谨慎选择通知或过滤事件。用于处理通知事件的事件分支，将无法影响 LabVIEW 处理用户交互的方式；如要修改 LabVIEW 是否处理用户交互，或 LabVIEW 怎样处理用户交互，可使用过滤事件。

（13）不要将前面板关闭通知事件用于重要的关闭代码中，除非事先已采取措施确保前面板关闭时 VI 不中止。例如，用户关闭前面板之前，确保应用程序打开对该 VI 的应用，或者可使用"前面板关闭？"过滤事件，该事件在面板关闭前发生。

3. 应用实例

下面我们用事件结构编写一个登录界面验证程序，当用户输入的用户名是"向守超"，密码是"123456"时，单击"确定"按钮后，弹出"登录成功"对话框；当用户输入用户名和密码信息是其他的内容时，单击"确定"按钮后，弹出"用户名和密码错误，请重新输入"对话框；当用户点击"取消"按钮时，则清除用户名和密码文本框中的信息；当用户点击"停止"按钮时，程序结束运行。创建程序步骤如下：

步骤一：新建一个 VI，打开前面板，从"控件"/"新式"/"字符串与路径"子面板中选择"字符串输入控件"添加到前面板上，修改标签为"用户名"。用同样的方法添加一个"密码"输入控件，并用鼠标点击控件，选择快捷菜单中的"密码显示"，这样在输入字符时显示的是"*"。从"控件"/"新式"/"布尔"子面板中选择"确定按钮""取消按钮"和"停止按钮"添加到前面板中，前面板设置如图 5.45 所示。

图 5.45　登录界面

步骤二：添加事件结构。打开程序框图，选择"编程"/"结构"子面板中的"事件结构"对象，添加到程序框图中。设置"事件超时"端口的输入值为常量"100"。右键单击事件结构边框，在弹出的快捷菜单中选择"添加事件分支…"选项，则弹出"编辑事件"对话框，在对话框中的"事件源"栏选择"确定按钮"，在"事件"栏选择"值改变"，如图 5.46 所示，然后点击"确定"按钮，这样就为"确定按钮"添加了事件。用同样的方法为"取消按钮"添加取消事件。

图 5.46　添加"确定按钮"事件对话框

　　步骤三：添加 While 循环结构。在程序框图中添加一个 While 循环结构，将"停止按钮"输出端与循环条件端口连接，并在循环体内添加一个定时器对象，设置定时时间为"100"。

　　步骤四：编辑按钮事件程序。在"确定按钮：值改变"事件程序框中，添加两个"等于？"函数对象、一个"与"函数对象。第一个"等于？"函数对象实现验证用户名框输入信息与字符串常量"向守超"是否相同，第二个"等于？"函数对象实现验证密码框输入信息与字符串常量"123456"是否相同，"与"函数对象实现对前面两个信息的比较结果验证。在事件框中添加一个条件结构，在"真"分支中添加一个"单按钮对话框"对象，并设置其"消息"输入端为字符串常量"登录成功"，在"假"分支中添加一个"单按钮对话框"对象，并设置其"消息"输入端为字符串常量"用户名和密码错误，请重新输入"，如图 5.47 所示。

图 5.47　"确定按钮：值改变"事件框图

　　步骤五：编辑"取消按钮"事件程序。首先在程序框图中右击"用户名"对象，在弹出的快捷菜单中选择"创建"/"局部变量"选项，为"用户名"对象创建一个局部变量。用同样的方法为"密码"对象创建一个局部变量。在"取消按钮：值改变"事件框图中添加一个空字符串常量，并将输出端分别连接两个局部变量的输入端，这样就可以将前面板两个文本框的内容清空了。其事件框图如图 5.48 所示。

图 5.48　"确定按钮：值改变"事件框图

步骤六：运行程序，查看结果。当在前面板两个文本框中输入正确的用户名和密码时，点击"确定"按钮，运行效果如图 5.49 所示。当在前面板两个文本框中输入不正确的用户名和密码时，点击"确定"按钮，运行效果如图 5.50 所示。当用户点击"取消"按钮，此时两个文本框中的信息都被清空。点击"停止"按钮，程序运行停止。

图 5.49　登录界面登录成功界面　　　图 5.50　登录界面登录失败界面

5.5.4　在 LabVIEW 中使用事件

LabVIEW 可以产生多种不同的事件，为避免产生不需要的事件，可用事件注册来指定希望 LabVIEW 产生的事件。LabVIEW 支持静态事件注册和动态事件注册两种模式。

静态事件注册可以指定 VI 在程序框图上的事件结构的每个分支具体处理该 VI 在前面板上的哪些事件。LabVIEW 将在 VI 运行时自动注册这些事件，如果 VI 开始运行，事件结构便开始等待事件。每个事件与该 VI 前面板上的一个控件、整个 VI 前面板窗口或某个 LabVIEW 应用程序相关联。静态注册的特点是在程序运行时无法改变事件结构所处理的事件，不能配置一个事件结构来处理前面板上不同 VI 的事件。

动态事件注册通过将事件注册与 VI 服务器相结合，允许程序在运行过程中使用应用程序、VI 和控件引用来指定希望产生事件的对象。与静态注册相比，动态注册在控制 LabVIEW 产生何种事件和何时产生事件方面更加灵活，但是动态注册比静态注册更复杂。动态注册需要将 VI 服务器应用同程序框图函数一起使用以明确地注册和取消注册事件，无法通过事件结构配置信息来进行事件的自动处理注册。

1. 静态事件注册

用户界面事件可以进行用户静态事件注册，使用"编辑事件"对话框配置事件结构来处理静态注册的事件。首先选择事件源，事件源可以是程序、VI 或某个控件；再选择一个事件源可产生的特定事件，如前面板大小调整、值改变等；最后根据应用程序的需求，编辑该分支来处理事件数据。

运行一个含有事件结构的 VI 时，LabVIEW 会自动进行静态事件注册。只有在 VI 处于运行状态或另一个处于运行状态的 VI 以子 VI 的形式调用该 VI 时，LabVIEW 才产生该 VI 的事件。运行一个 VI 时，LabVIEW 为顶层 VI 及其在程序框图上所调用的子 VI 的层次结构设置一个称为保留的执行状态。由于 VI 的父 VI 在运行时会随时将其作为子 VI 调用，所以当 VI 处于保留状态时，不能编辑 VI 或单击"运行"按钮。

当 LabVIEW 将一个 VI 设置为保留状态时，它将自动注册该 VI 的程序框图上所有事件结构中被静态配置的事件。当顶层 VI 结束运行时，LabVIEW 会将该 VI 及其所有子 VI 层次结构设置为空闲执行状态，并自动将该事件的注册取消。

2. 动态事件注册

动态事件注册可完全控制 LabVIEW 产生的事件的类型和时间。动态事件可使事件仅在应用程序的某个部分发生，也可在应用程序运行时改变产生事件的 VI 或控件。使用动态注册，可在子 VI 中处理事件而不是仅在产生事件的 VI 中处理事件。

处理动态注册的事件主要包括以下四个步骤：

（1）获取要处理的事件对象的 VI 服务器应用。

（2）将 VI 服务器引用连接至"注册事件"函数以注册对象的事件。

（3）将事件结构放在 While 循环中，处理对象事件直至出现终止条件为止。

（4）通过取消注册事件函数以停止事件发生。

要动态注册对象事件，必须先获取该对象的 VI 服务器引用。可通过打开应用程序引用和打开 VI 引用函数来获取应用程序和 VI 的引用。要获取控件引用，可使用属性节点查询 VI 的控件，或右键单击该控件，从弹出的快捷菜单中选择"创建"/"引用"来创建控件引用常量。

使用注册事件函数可动态注册事件，注册事件函数位于函数选板的"编程"/"对话框与用户界面"/"事件"，拖动上下箭头可调整"注册事件"函数的大小以显示一个或多个事件源输入端。将应用程序、VI 或控件引用连接到每一个事件源输入端，右键单击每一个输入端，从快捷菜单的"事件"中选择想要注册的事件。所能选择的事件取决于连接到事件源输入端的 VI 服务器引用类型。

"事件"快捷菜单上的事件与静态注册事件时在"编辑事件"对话框出现的事件相同。"注册事件"函数执行时，LabVIEW 将对每个事件源输入引用句柄相关联的对象上的事件进行注册。一旦注册了事件，LabVIEW 将按事件发生的顺序将事件放入队列，直到事件结构来处理这些事件。除非有另一个对象在函数执行之前已经注册了事件，否则将不会产生事件。

动态事件接线端类似于移位寄存器，可右键单击事件结构并从弹出的快捷菜单中选择"显示动态事件接线端"来获取。左接线端接受事件注册引用句柄或事件注册引用句柄的簇。如果不连接内部的右接线端，右接线端的数据将与左接线端相同。但是，可通过"注册事件"函数将事件注册引用句柄或事件注册引用句柄的簇连接至内部的右接线端并动态地修改事件注册。

要停止产生事件，可将事件结构右侧的动态事件接线端连接至位于"注册事件"函数左上角的"事件注册引用句柄"输入端。"取消注册事件"函数位于函数选板中"编程"/"对话框与用户界面"/"事件"，其处于含有该事件结构的 While 循环。"取消注册事件"函数执行时，LabVIEW 将把该事件注册引用句柄所指定的一切事件注册取消，销毁与该事件注册引用句柄相关的事件队列，同时放弃任何尚在队列中的事件。如果用户不取消注册事件，而包含事件结构的 While 循环执行结束后用户又执行了可产生事件的操作，那么 LabVIEW 将无限地查询事件。如果事件配置已被前面板锁定，则此时 VI 无响应。在这种情况下，LabVIEW 将在 VI 空闲时销毁事件队列。

3. 动态事件修改

如果动态地注册事件，可用运行时修改注册信息以改变 LabVIEW 产生事件的对象。若要修改与引用句柄相关的已有注册而不是创建一个新注册，可连接"注册事件"函数左上角的"事件注册引用句柄"输入端。

当连接"事件注册引用句柄"输入端时，该函数会自动调整大小以显示在"注册事件"函数中指定的相同引用类型的相同事件。"注册事件"函数最初创建了事件注册引用句柄，当"事件注册句柄"输入端已连好线时，不能手动改变该函数大小或重新配置该函数。

如果将一个对象引用连接到"注册事件"函数左侧的"事件源"输入端，且"事件注册句柄"输入端已连接，则该函数将替换先前通过原来"注册事件"函数的相应"事件源"输入端完成注册的所有引用。可通过将非法引用句柄常量连接至"事件源"输入端来取消单个事件的注册。如果不连接"事件源"输入端，LabVIEW 将不改变该事件的注册信息。若要取消与某一事件注册引用句柄相关的所有事件的注册，可使用"取消注册事件"函数。

5.6 使能结构

"使能结构"是从 LabVIEW 8 中开始新增的功能，用来控制程序是否被执行。使能结构有两种：一种是程序框图禁用结构，其功能类似于 C 语言中的"/*……*/"，可用于大段地注释程序；另一种是条件禁用结构，用于通过外部环境变量来控制代码是否执行，类似于 C 语言中通过宏定义来实现条件编译。它们的使用方法与"条件结构"类似。这两种使能结构都位于函数面板的"编程"/"结构"子面板中。

5.6.1 程序框图禁用结构

在 C 语言中，如果不想让一段程序运行，则可以用"/*……*/"的方法把它注释掉，但是在 LabVIEW 8 以前的版本中只能通过"条件结构"来实现。从 LabVIEW 8 开始增加了程序框图禁用结构，能实现真正的注释功能，而且使用方法非常简单，只要把需要注释的代码放置到框图中，并使之为"禁用"状态即可，如果要恢复此段代码，则选择"启用"状态即可，如图 5.51 所示。

图 5.51　程序框图禁用结构

为了让读者掌握程序框图禁用结构的基本应用方法，下面用它来实现加法运算的"启用"和"禁用"。创建程序的步骤如下：

步骤一：新建一个 VI，在前面板上放置两个"数值输入"控件和一个"数值显示"控件，分别命名为"x""y"和"x + y"。

步骤二：编写程序框图。切换到程序框图，选择一个"加"函数，将两个输入端子分别与"x"和"y"对象连接，输出端与"x + y"对象连接。

步骤三：添加程序框图禁用结构。在函数面板的"编程"/"结构"子面板中选择"程序框图禁用结构"，将"加"函数框到其中，默认情况下，它是将加法运算禁用了，运行程序，结果如图 5.52 所示。

图 5.52　禁用"加法"运算

步骤四：在"程序框图禁用结构"单击鼠标右键，在弹出的快捷菜单中选择"启用本子程序框图"选项，运行程序，结果如图 5.53 所示。

图 5.53　启用"加法"运算

5.6.2　条件禁用结构

"条件禁用结构"的功能类似于 C 语言中的宏定义功能，即通过外部环境变量来控制代码是否执行。此外，它还可以通过判断当前操作系统的类型来选择执行哪段代码。

"条件禁用结构"的建立方法与程序框图禁用结构类似，建立后的条件禁用结构如图 5.54 所示。

"条件禁用结构"包括一个或多个子程序框图，LabVIEW 在执行时根据子程序框图的条件配置只使用其中的一个子程序框图。需要根据用户定义的条件而禁用程序框图上某部分的代码时，使用该结构。用鼠标右键单击结构边框，可添加或删除子程序框图。添加子程序框图或用鼠标右键单击结构边框，在快捷菜单中

图 5.54　条件禁用结构

选择"编辑本子程序框图的条件"，可在配置条件对话框中配置条件。单击选择器标签中的递增和递减箭头可滚动浏览已有的条件分支。创建条件禁用结构后，可添加、复制、重排或删除子程序框图。

程序框图禁用结构可使程序框图上某部分代码失效。用鼠标右键单击条件禁用结构的边框，从快捷菜单中选择"替换为程序框图禁用结构"，即可完成转换。

　　下面我们来学习用条件禁用结构控制代码的运行实例。本例是用条件禁用结构控制一段代码的执行：当满足条件 Global_switch=True 时，执行此分支中的代码，禁用"默认"分支中的代码；反之则执行"默认"分支中的代码，禁用"Global_switch=True"分支中的代码。创建程序的步骤如下：

　　步骤一：新建一个工程，保存名为"条件禁用结构"。在 LabVIEW 2016 的启动界面中，选择"文件"/"创建项目"选项，在弹出的"创建项目"对话框中，选择"全部"/"项目"选项，点击"完成"按钮新建一个空白项目，并保存该项目。

　　步骤二：编辑环境变量。在项目名称上单击鼠标右键，在弹出的快捷菜单中选择"属性"，打开"项目类的属性"对话框，如图 5.55 所示。在对话框中"类别"项选择"条件禁用符号"，在新符号中填写"Global_switch"，在新值中填写"True"，然后点击"添加"按钮，则编辑环境变量完成，点击"确定"按钮。

图 5.55　"项目类的属性"对话框

　　步骤三：新建一个 VI。在项目名称上单击鼠标右键，在快捷菜单中选择"新建"，打开一个新的 VI，保存为"Global_switch"。

　　步骤四：创建"条件禁用结构"。选择"条件禁用结构"添加到程序框图上，从"函数"/"编程"/"对话框与用户界面"子面板中选择"单按钮对话框"对象放置到条件禁用结构的默认分支上，设置显示内容为"默认"，如图 5.56 所示。

图 5.56　默认"条件禁用结构"分支

步骤五：添加子程序框图。在"条件禁用结构"边框上单击鼠标右键，在弹出的快捷菜单中选择"在后面添加子程序框图"选项，弹出配置条件对话框，如图 5.57 所示。细心的读者可能会发现图中符号下拉列表中除了前面配置的"Global_switch"选项，还有 OS、CPU、TARGET TYPE 等选项，它们可以用来判断当前的操作系统、CPU 类型等。在对话框符号下拉列表中选择"Global_switch"选项，在值文本框中填写"True"，点击"确定"按钮，则添加子程序框图完成。

图 5.57 "配置条件"对话框

步骤六：在新添加的分支中放置一个"单按钮对话框"，设置显示内容为"Global_switch"，如图 5.58 所示。

图 5.58 新添加"条件禁用结构"分支

步骤七：运行程序，结果如图 5.59 所示，从图中可以看到条件不满足的分支呈灰色显示。右击新添加的条件禁用结构分支边框，在弹出的快捷菜单中选择"编辑本子程序框图的条件…"选项，在弹出的配置条件对话框中将"=="改为"!="。再运行程序，结果如图 5.60 所示。

图 5.59 默认"条件禁用结构"运行结果

图 5.60 改变禁用条件后的运行结果

5.7 变 量

由于 LabVIEW 图形化编程的特点，有些情况下要在同一 VI 的不同位置或在不同 VI 中访问同一个控件，这时控件对象之间的连线就无法实现。这就需要用到局部变量或全局变量，通过局部变量或全局变量可以在程序框图中的多个地方读写同一个控件。LabVIEW 中的变量可以分为三类：局部变量、全局变量和共享变量。本节只对局部变量和全局变量进行讲解。

5.7.1 局部变量

"局部变量"主要用于在程序内部传递数据，它既可以作为控制量向其他对象传递数据，也可以作为显示量接收其他对象传递过来的数据。

创建局部变量的方式有两种：第一种方法是先从"函数"/"编程"/"结构"子面板中直接选择"局部变量"放置到程序框图上，然后单击鼠标右键，在快捷菜单中选择"选择项"，连接要连接的对象；第二种方法是在要创建局部变量的已有对象上单击鼠标右键，在弹出的快捷菜单中选择"创建"/"局部变量"。

对于第一种方式，当"局部变量"放置到程序框图上时，局部变量没有与任何对象连接，此时局部变量显示为"▶▲?"，连接对象后，"？"改为显示对象的名称。例如，先在前面板添加一个数值输入控件，一个布尔控件和一个字符串控件，然后在程序框图中添加一个"局部变量"函数，右击"局部变量"函数，就可以在弹出的快捷菜单中选择"选择项"下的"数值/布尔/字符串"选项，建立所需要的局部变量，如图 5.61 所示。如果前面板没有输入控件或显示控件，则"局部变量"函数右击快捷菜单中的"选择项"变为灰色，即为不可用状态。

图 5.61　第一种方法创建局部变量

对于第二种方式，我们仍以创建字符串的局部变量为例。在前面板添加一个字符串控件，在程序框图中右击对象，在弹出的快捷菜单中选择"创建"下的"局部变量"即可，如图 5.62 所示。

图 5.62　直接创建对象局部变量

一个对象可以创建多个局部变量，局部变量既可以作为输入控件也可以作为显示控件给对象赋值。局部变量创建时，默认都是作为输入控件，单击鼠标右键，在弹出的快捷菜单中选择"转换为读取"选项就可以将其转换为显示控件，如图 5.63 所示。从图中可以看出：作为输入控件时，连接端口在左侧，为细框；转换为显示控件后，连接端口在右侧，细框变为粗框。

图 5.63　局部变量转换

下面我们学习利用局部变量制作一个计时器的实例。本例的计时器可以暂停，暂停后继续计时。用"已用时间"对象获取计时时间，单位秒，然后通过获取的时间计算其时、分、秒的数据。暂停后的计时值、"已用时间"对象的重置控制、显示控件初始化通过局部变量实现。创建程序步骤如下：

步骤一：新建一个 VI，在前面板上添加四个"数值显示"控件，分别命名为"时""分""秒""毫秒"，将数据显示类型更改为"I32"（具体方法为用鼠标右键单击控件，在"表示法"中选择 I32）。打开"时""分"和"秒"属性对话框，在"显示格式"选项卡中，设置相关参数，如图 5.64 所示。"毫秒"只是将"使用最小域宽"设置为"3"，其余一样。

图 5.64　"秒"控件的属性设置

步骤二：在前面板中添加两个数值显示控件，分别命名为"计时数"和"暂停前计数值"。在"控件"/"经典"/"经典布尔"子面板中选择"带标签方形按键"控件，放置到前面板上，命名为"开始/暂停"，并打开其属性对话框，在其外观选项卡中，设置"开时文本"为"开始"，"关时文本"为"暂停"。添加一个停止按钮和一个布尔型的"方形指示灯"控件，将"方形指示灯"控件命名为"重置"。前面板设计如图 5.65 所示。

步骤三：切换到程序框图，添加一个条件结构，并将"开始/暂停"对象的输出端连接分支选择器。并在整个条件结构外添加一个 While 循环结构，设置时间间隔为 10 ms，并将停止按钮连接循环条件端子。

步骤四：在条件结构的"真"分支中添加一个平铺式顺序结构，并在顺序结构前后各添加一帧。从"函数"/"编程"/"定时"子面板中选择"已用时间"对象，将其添加到顺序结构的中间帧内，"重置"对象放置在第一帧中，并与"已用时间"对象的重置端口连接。创建一个"重置"对象的局部变量，放置在第三帧中，并在输入端连接一个布尔"假"常量。这样做的目的是实现暂停计时并重新计时后，将"已用时间"对象在暂停时的计时数清零，因为只要程序不停，"已用时间"对象就会一直计数。

图 5.65 计时器前面板设计

步骤五：用鼠标右键单击"计时数"对象，在快捷菜单中选择"创建"下的"局部变量"选项，创建一个"计时数"对象的局部变量添加到"假"分支中，并将它转换为读取状态，同时创建该局部变量的显示控件，命名为"暂停前计数值"。这一步的作用是保存暂停时的计时数并与"重置"对象一起完成暂停后累加计时的功能。同样创建"重置"对象的局部变量，并放置到"假"分支中，同时为其输入端连接布尔型的"真"常量。条件结构"假"分支框图如图 5.66 所示。

图 5.66 条件结构"假"分支框图

步骤六：在 While 循环的外侧创建一个平铺式顺序结构，在前面添加一帧，把"时""分""秒""毫秒"等对象以及"计时数"和"暂停前计数值"局部变量放置到第一帧中，并初始化为"0"。

步骤七：创建"时""分""秒""毫秒"和"暂停前计数值"等对象的局部变量，添加"加""乘""商与余数"对象放置到"真"分支中顺序结构的中间帧中，按图 5.67 进行连接，完成计时器功能的主要程序设计。

步骤八：运行程序，查看结果，如图 5.68 所示。

图 5.67　计时程序主要框图

图 5.68　计时器运行图

5.7.2　全局变量

前面介绍了局部变量的建立和使用方法。局部变量通常用于程序内部的数据传递，对于程序间的数据传递就无能为力了，而全局变量就可以解决这个问题。LabVIEW 中的全局变量是以独立的 VI 文件形式存在的，这个 VI 文件只有前面板，没有程序框图，不能进行编程。通过全局变量可以在不同的 VI 之间进行数据交换，一个全局变量的 VI 文件中可以包含多个不同数据类型的全局变量。

全局变量的创建方式也有两种。第一种方法是在 LabVIEW 2016 的启动界面中，选择"文件"下的"新建"选项，即可弹出"新建"对话框，在"新建"对话框选择"全局变量"，如图 5.69 所示。单击"确定"按钮后，打开全局变量的设计窗口，这是一个没有程序框图的 LabVIEW 程序，即它仅是一个存放前面板控件的容器，没有任何代码，在其中加入控件，保存成一个 VI 后便创建了一个全局变量。

第二种方法是在 LabVIEW 程序框图中，从"函数"/"编程"/"结构"子面板中选择"全局变量"对象添加到程序框图上，生成全局变量图标""。双击全局变量图标即可打开全局变量编辑窗口，如图 5.70 所示。

图 5.69 "新建"全局变量窗口

图 5.70 全局变量编辑框

下面通过一个用全局变量在不同 VI 之间传递数据的实例来说明全局变量的使用方法。本例创建两个 VI 和一个全局变量，一个 VI 产生正弦波形，通过全局变量传递后，在另一个 VI 中显示。创建程序的步骤如下：

步骤一：创建一个全局变量。打开全局变量编辑框后，在上面放置一个"波形图"显示控件，命名为"波形全局变量"，如图 5.71 所示。保存该 VI，命名为"波形全局变量.vi"。

图 5.71 创建"波形全局变量"

步骤二：创建信号产生 VI。创建一个 VI，保存 VI 为"信号产生"。在前面板上放置一个"波形图"控件，命名为"信号产生波形显示"。切换到程序框图，从"编程"/"波形"/"模拟波形"/"波形生成"子面板中选择"仿真信号"对象放置到程序框图上，使用默认设置，用来产生一个正弦信号，输出端与"信号产生波形显示"连接。在函数面板上单击"选择 VI"，在打开的对话框中选择第一步中创建的"波形全局变量"，与"仿真信号"的输出端相连。在"仿真信号"的频率输入端口创建一个"输入控件"。创建一个 While 循环将所有程序框图上的对象框到其中，设置时间间隔为 100 ms。程序框图如图 5.72 所示。

步骤三：创建信号显示 VI。创建一个 VI，命名为"信号显示"。在前面板中放置一个"波形图"控件，命名为"变量传递后波形显示"。切换到程序框图，从"编程"下的"波形"子面板中选择"创建波形"对象添加到框图上，拉伸后，右击各个端口，在弹出的快捷菜单中的"选择项"分别选择"Y""t0""dt"。在函数面板上单击"选择 VI"，在打开的对话框中选择第一步中创建的"波形全局变量"，单击鼠标右键选择"转换为读取"，与"创建波形"对象的"Y"相连。在"t0"端口创建一个时间常量，在"dt"端口创建一个常量"0.001"。创建一个 While 循环将所有程序框图上的对象框到其中，设置时间间隔为 100 ms。程序框图如图 5.73 所示。

图 5.72　信号产生程序框图

图 5.73　信号显示程序框图

步骤四：运行"信号产生"和"信号显示"两个 VI，结果如图 5.74 所示。改变不同的信号频率，比较显示结果都完全一致。

图 5.74　全局变量运行结果

5.8　定时结构

定时结构的用法要相对复杂一些，其位于函数选板的"编程"/"结构"/"定时结构"子面板中，如图 5.75 所示。定时结构主要有定时循环和定时顺序两种。

图 5.75　定时结构子面板

5.8.1　定时循环

定时循环根据指定的循环周期顺序执行一个或多个子程序框图或帧。在以下情况中可以使用定时循环结构：开发支持多种定时功能的 VI、精确定时、循环执行时返回计算值、动态改变定时功能或者多种执行优先级。用鼠标右键单击结构边框可添加、删除、插入及合并帧。在"编程"/"结构"/"定时结构"子面板中选择"定时循环"对象，在程序框图上拖动鼠标即可建立定时循环，如图 5.76 所示。

图 5.76　定时循环框图

定时循环结构主要包含五部分内容，分别为输入节点、左数据节点、右数据节点、输出节点和循环体。下面对这五部分功能进行具体介绍。

（1）输入节点：用于设置定时循环的初始化参数，确定定时循环的循环时序，循环优先级和循环名称等参数。

（2）左数据节点：用于返回配置信息以及运行状态信息等，提供上一次循环的时间和状态信息，例如上一次循环是否延迟执行、上一次循环的实际执行时间等。

（3）右数据节点：用于配置下一轮及以后循环的时间参数，从而实现循环参数的动态改变。

（4）输出节点：返回时间状态信息以及错误信息，参数含义与左端数据节点的同名参数一致。

（5）循环体：与 While 循环类似，定时循环的循环体包括循环计数端口和循环条件输入端口。前者用于指示当前的循环次数；后者连接一个布尔型变量，指示循环退出或者继续的条件。

　　定时循环结构是在 While 循环的基础上发展起来的，其循环体的使用规则与 While 循环一样，包括"自动索引"功能和移位寄存器。不同之处在于 4 个对循环时间和状态进行设定和输出的节点，While 循环中的循环时间间隔在这里不再适用。下面对定时循环中循环时间和状态的设定进行重点介绍。

　　在定时循环结构的输入节点上双击，或者单击鼠标右键，在弹出的快捷菜单中选择"配置输入节点"选项，即可打开如图 5.77 所示的"配置定时循环"对话框。

图 5.77　"配置定时循环"对话框

　　对输入节点参数的设定可以在配置对话框中完成，也可以直接在框图输入端完成。默认情况下框图只显示部分参数，用户可以通过拉伸输入节点以显示更多的参数。表 5.1 列出了输入节点框图中的图标和配置对话框中对应参数的含义。

表 5.1　定时循环输入节点图标和对应参数的含义

图标	参　数	含　　义
▶☉ᴜ	源名称	指定用于控制结构的定时源的名称。定时源必须通过创建定时源 VI 在程序框图上创建，或从配置定时循环对话框中选择
▶☒☉	期限	指定定时源的周期、单位，与源名称指定的定时源一致
▶☉	结构名称	指定定时循环的名称
▶t0	偏移量	指定定时循环开始执行前的等待时间。偏移量的值对应于定时循环的开始时间，单位由定时源指定
▶dt	周期	定时循环的时间
▶³2₁	优先级	指定定时循环的执行优先级。定时结构的优先级用于指定定时结构相对于程序框图上其他对象的执行开始时间。优先级的输入值必须为 1 到 65535 之间的正整数
▶☉ⁿ☉ᴛ	模式	指定定时循环处理执行延迟的方式。共有五种模式：无改变，根据初始状态处理错过的周期，忽略初始状态处理错过的周期，放弃错过的周期维持初始状态，忽略初始状态放弃错过的周期

图标	参 数	含 义
�!●●	处理器	指定用于执行任务的处理器。默认值为-2，即 LabVIEW 自动分配处理器。如需手动分配处理器，可以输入介于 0 到 255 之间的任意值，0 代表第一个处理器。如果输入的数量超过可用处理器的数量，将导致运行时错误且定时结构停止执行
↘⊠	超时	指定定时循环开始执行前的最长等待时间。默认值为-1，表示未给下一帧指定超时时间。超时的值对应于定时循环的开始时间和上一次循环的结束时间，单位由帧定时源指定
▶?!	错误	在结构中传递错误。接收到错误状态时，定时循环将不执行

对于其他节点更详细的说明请读者参考 LabVIEW 相应的说明和帮助文档。

下面我们来看一个简单的定时循环实例，该实例设置定时循环的初始周期为 0 ms，每循环一次周期时间增加 100 ms，共循环 5 次结束，因此整个循环结束共耗时 0 + 100 + 200 + 300 + 400=1 000 ms。程序的程序框图和运行效果如图 5.78 所示。

图 5.78　定时循环实例

5.8.2　定时顺序

定时顺序结构由一个或多个子程序框图（也称帧）组成，在内部或外部定时源控制下按顺序执行。与定时循环不同，定时顺序结构的每个帧只执行一次，不重复执行。定时顺序结构适于开发只执行一次的精确定时、执行反馈、定时特征等动态改变或有多层执行优先级的VI。用鼠标右键单击定时顺序结构的边框可添加、删除、插入及合并帧。定时顺序框图如图 5.79 所示。

图 5.79　定时顺序框图

定时顺序结构也包括输入节点、左数据节点、右数据节点、输出节点。它们的作用与定时循环中的节点一样，设定方法和功能也与其类似。

While 循环结构、顺序结构、定时结构、条件结构之间可以互相转换，具体方法是在结构体的代码框上单击鼠标右键，从菜单中选择相应的结构进行替换，替换后要注意更改各个结构运行的参数。

5.8.3　定时 VI

对于一般的程序，通过以上节点的设置完全能够实现一个程序中的多种定时运行方式，但对于一些高级编程，可能还需要提供自定义的定时时钟标准，有些还需要多个定时循环的同步，这些功能需要一些辅助的 VI 来实现。下面对它们的基本功能作一个简单说明，如表 5.2 所示。

表 5.2　定时 VI 的基本功能

名　称	图标和端口	基本功能
创建定时源	名称(输入)　　名称(输出) 错误输入(无错误)　　错误输出	创建用于控制定时结构执行的 1KHz、1MHz 或软件触发定时源
清除定时源	名称 错误输入(无错误)　　父 错误输出	停止或删除为其他源所创建或指定的定时源
创建定时源 层次结构	替换(F) 层次结构名称 父 定时源名称 错误输入(无错误)　　错误输出	根据定时源名称中输入的名称，创建一个层次结构的定时源
发射软件触发定时源	触发ID 计时数量　　触发ID输出 错误输入(无错误)　　错误输出	使用创建定时源 VI 创建软件触发定时源
定时结构 停止	优先级 名称 错误输入(无错误)　　错误输出	停止名称中输入的定时循环或定时顺序
同步定时结构开始	清除(F) 替换(T) 同步组名称 超时毫秒(10 000)　　定时结构名称输出 定时结构名称　　错误输出 错误输入(无错误)	将定时结构名称中输入的定时循环或定时顺序结构名称添加到同步组名称所指定同步组，从而使上述循环或顺序开始同步

思考与练习

1. 利用顺序结构和"timing"面板下的"tick count"VI，计算 For 循环 10^6 次所需的时间。

2. 利用顺序结构设计交通信号灯。首先绿灯亮 15 秒后熄灭，黄灯亮 3 秒后熄灭，最后红灯亮 20 秒后，进行到下一次循环。

3. 利用循环结构写一个跑马灯，如下图所示，5 个灯从左到右不停地轮流点亮，闪烁间隔由滑动条调节。

4. 给出一百分制成绩，如下图所示，要求输出等级 A，B，C，D，E。90 分以上为 A，80~89 为 B，70~79 为 C，60~69 为 D，60 分以下为 E。

5. 利用事件结构实现在数字输入控件中，每当用户按下一个数字后，累加值就将新数字累加上去。例如，按下 34 时，累加值为 7；按下 345 时，累加值为 12…如下图所示。

6 图形显示

图形化显示具有直观明了的优点，能够增强数据的表达能力，许多实际仪器和示波器都提供了丰富的图形显示。在虚拟仪器程序设计过程中，也秉承了这一优点，LabVIEW 对图形化显示提供了强大支持。

LabVIEW 提供了两个基本的图形显示工具：图和图表。图采集所有需要显示的数据，并对数据进行处理后一次性显示结果；图表将采集的数据逐点地显示为图形，可以反映数据的变化趋势，类似于传统的模拟示波器、波形记录仪。图显示的类型包括波形图、XY 图、强度图和 3D 图，图表显示的类型包括波形图表和强度图表。图形显示控件位于前面板控件选板中"新式"下的"图形"子面板中，如图 6.1 所示。本章的主要内容包括波形图和波形图表、XY 图、强度图和强度图表、三维曲面图、三维参数图及三维曲线图。

图 6.1 "图形"控件子面板

6.1 波形显示

波形显示分为波形图和波形图表两种。波形图和波形图表是在数据显示中用得最多的两个控件。波形图表是趋势图的一种，它将新的数据添加到旧数据尾端后再显示出来，可以反映数据的实时变化。它与波形图的主要区别在于波形图是将原数据清空后重新画一张图，而趋势图保留了旧数据，保留数据的缓冲区长度可以通过右键单击控件并选择"图表历史长度"来设定。

6.1.1 波形图

波形图用于显示测量值为均匀采集的一条或多条曲线。波形图仅绘制单值函数，在波形图接收所有需要显示的数据后一次性显示在前面板窗口中，其显示的图形是稳定的波形。在下一次接收数据时，波形图不保存上一次的历史数据，数据全部更新，在前面板窗口中只显示当前接收的数据。

波形图位于前面板控件面板中"新式"下的"图形"子面板。波形图窗口默认显示的内容包括图形区、标签、图例和刻度（X 刻度和 Y 刻度）。还有一些元素没有显示在前面板窗口中，选择波形图的右键菜单的"显示项"，就可以显示这些元素，如图 6.2 所示，完全显示结果如图 6.3 所示；或者在右键单击，在弹出快捷菜单中选择"属性"选项，弹出"图形属性"对话框，在"外观"选项卡里选择要显示的项目，如图 6.4 所示。

图 6.2　波形图右键快捷菜单　　　　　　图 6.3　波形图完整显示项

图 6.4　"图形属性"对话框

1. 图　例

图例位于波形图的右上角，用来定义图中曲线的颜色和样式。默认情况下图例只显示一条曲线，若想显示多条曲线的图例，直接将图例往下拉即可。右键单击图例，弹出如图 6.5 所示的右键快捷菜单，在弹出的菜单中可以对曲线的颜色、线型和显示风格等进行设置，双击图例文字可以改变曲线名称。下面对图例的快捷菜单选项内容进行详细说明。

（1）常用曲线。"常用曲线"子菜单用来设置曲线的显示方式，如图 6.6 所示。其中上排显示方式依次为平滑曲线、数据点方格、曲线同时数据点方格；下排显示方式依次为填充曲线和坐标轴包围的区域、直线图、直方图。

（2）颜色。"颜色"子菜单用来设置线条的颜色。设置时可以从系统颜色选择器中选择颜色作为线条颜色，如图 6.7 所示。

（3）线条样式和线条宽度。"线条样式"子菜单用来设置曲线的线条样式，有连续直线、断线直线、虚线、点画线等；"线条宽度"子菜单用来设置曲线的线条粗细。

（4）平滑。"平滑"选项可以选择是否启用防锯齿功能，启用可使线条变得更光滑。

（5）直方图。"直方图"子菜单用来设置直方图的绘制方式，分为直线式、填充式、柱状式等。

（6）填充基线。"填充基线"子菜单用来设置曲线的填充参考线，分为零、负无穷大和无穷大。

（7）插值。"插值"子菜单用来设置曲线中绘图点的插值方式。

（8）点样式。"点样式"子菜单用来设置图中绘图点的样式，包括圆点、方块、叉、星号等。

图 6.5　图例快捷菜单　　　　图 6.6　常用曲线菜单　　　　图 6.7　颜色菜单

2. 标尺图例

标尺图例用来定义标尺标签和配置标尺属性。标尺图例的第一行对应水平坐标参数，第二行对应垂直坐标参数。

图标""锁定开关：用来锁定刻度，单击该图标可在刻度锁定和解锁状态之间切换。

图标"[X]"：用来标识刻度锁定状态，绿灯亮表示为刻度锁定状态。

图标"[图]"下拉菜单：用来设置坐标刻度数据的属性，包括格式、精度、映射模式、网格颜色和显示标尺选项等。

3. 图形工具选板

通过图形工具选板可进行游标移动、缩放、平移显示图像等操作。图形工具选板还包括信号信息的各种属性，下列按钮从左到右依次为游标移动工具"[图]"、缩放工具"[图]"、平移工具"[图]"。

游标移动工具"[图]"用来移动所显示图形上的游标。

缩放工具"[图]"用来放大或缩小图形。单击出现下拉列表，包括 6 种缩放方式，如图 6.8 所示。上排从左到右依次为放大选择的矩形框、放大选择的水平范围、放大选择的垂直范围；下排从左到右依次为取消上一次缩放操作、按光标所在的位置放大、按光标所在的位置缩小。

平移工具"[图]"用来在显示区域内选中并移动曲线。

图 6.8　图形缩放方式

图 6.9　创建游标

4. 游标图例

游标图例用来显示图形中的游标。在图形上用游标可读取绘图区域上某个点的确切值，游标值会显示在游标图例中。

选择游标图例右键快捷菜单的"创建游标"，在图形中添加游标。创建游标时，游标模式定义了游标位置，共有自由、单曲线和多曲线三种模式，如图 6.9 所示。在同一个图形中可创建多个游标。

自由模式不考虑曲线的位置，游标可以在整个图形区域自由移动。

单曲线模式表示仅将游标置于与其关联的曲线上，游标可在曲线上移动。右键单击单曲线游标图例，从弹出的快捷菜单中选择"关联至"，可将游标与一个或所有曲线实现关联。多曲线模式将游标置于绘图区域内的特定数据点上。

多曲线游标可显示与游标相关的所有曲线在指定 X 值处的值。游标可置于绘图区域内的任意曲线上。右键单击多曲线游标图例，从弹出的快捷菜单中选择"关联至"，可将游标与一个或所有曲线实现关联。该模式只对混合信号图有效。

5. X 滚动条

X 滚动条用来滚动显示图形或图表中的数据，使用滚动条可查看图形或图表当前未显示的数据。

6. 属性对话框

图形属性对话框包括八个选项卡：外观、显示格式、曲线、标尺、游标、说明信息、数据绑定和快捷键。

（1）外观选项卡。

外观选项卡主要用来设置图标签、标题、图形工具选板、游标图例、标尺图例、水平滚动条等对象是否可见。主要包括以下几个选项。

① 标签：显示对象的自带标签并启用标签文本框对标签进行编辑。标签用于识别前面板和程序框图上的对象。

② 标题：显示对象的标题，启用标题文本文本框后，用户即可编辑标题。使用标题对前面板控件做详细说明，该选项对常量不可用。

③ 启用状态：设置用户可否对对象进行操作。选择"启用"，表示用户可操作该对象。选择"禁用"，表示在前面板窗口中显示该对象，但用户无法对该对象进行操作。选择禁用并变灰，表示在前面板窗口中显示该对象并将对象变灰，用户无法对该对象进行操作。

④ 大小：设置对象的大小，以像素为单位。高度是对象的整个显示高度，以像素为单位，不能设置数值对象的高度。宽度是对象的界面宽度，以像素为单位。

⑤ 显示图像工具选板：表示是否在前面板显示图形工具选板，勾选表示显示。

⑥ 显示图例：表示是否显示曲线图例。该图例可用来定义各种曲线，包括曲线样式、线条样式、宽度、点样式等。

⑦ 根据曲线名自动调节大小：表示根据图例中可见的最长曲线名称的宽度自动调节图例大小。

⑧ 曲线显示：可设置在图例中显示的曲线数。

⑨ 显示水平滚动条：表示显示水平滚动条。

⑩ 显示游标图例：表示显示游标图例，使用图标可自定义各游标，包括游标样式、线条样式、宽度、端点样式等。

（2）显示格式选项卡。

显示格式选项卡用于显示数值对象的显示格式，主要包括以下几个选项。

① 坐标轴设置：通过下拉列表可以选择坐标。

② 类型：对显示的数据可以用不同的格式。大体上可以分为数值、进制、时间三类。

③ 位数：数据的个数。如果精度类型为精度位数，该字段表示小数点后显示的数字位数。如果精度类型为有效数字，该栏表示显示的有效数字位数。如格式为十六进制、八进制或二进制，则该选项有效。对于单精度浮点数，如精度类型为有效位数，建议为该字段使用 1~6 范围内的值。对于双精度浮点数和扩展精度浮点数，如精度类型为有效位数，建议为该字段使用 1~13 范围内的值。

④ 精度类型：设置显示精度位数或者有效数字。如需要位数栏显示小数点后显示的位数，可选择精度位数。如需要位数栏显示小数点后显示的有效位数，可选择有效数字。如格式为十六进制、八进制或二进制，则不用该选项。

⑤ 隐藏无效零：删除数据末尾的无效 0。如果数值无小数部分，该选项会将有效数字精度之外的数值强制为 0。

⑥ 使用最小域宽：数据实际位数小于用户指定的最小域宽。在数据左端或者右端将用空格或者 0 来填补多余的空间。

（3）曲线选项卡。

曲线选项卡用于配置图形或图标上的曲线外观，主要包括以下几个选项。

① 曲线：设置要配置的曲线。

② 名称：曲线名称，可使用曲线名属性，通过编程命名曲线。

③ 线条样式：曲线线条的样式，该选项对数字波形图不可用，可用线条样式属性通过编程设置线条样式。

④ 线条宽度：曲线线条的宽度，该选项对数字波形图不可用，可用线条宽度属性通过编程设置线条宽度。

⑤ 点样式：曲线的点样式，该选项对数字波形图不可用，可用点样式属性通过编程设置点样式。

⑥ 曲线插值：曲线的插值，该选项对数字波形图不可用，可用曲线插值属性通过编程指定插值。

⑦ 线条颜色：曲线线条的颜色，可用曲线颜色属性通过编程设置颜色。

⑧ 点填充颜色：表示点和填充的颜色，数字波形图不可使用该选项，可用填充点颜色属性通过编程设置颜色。

⑨ Y 标尺：表示设置与曲线相关联的 Y 标尺。数字波形图不可使用该选项。

⑩ X 标尺：表示设置与曲线相关联的 X 标尺。

（4）标尺选项卡。

标尺选项卡用于为图形或图表格式化标尺或网格，主要包括标尺名称、是否显示标尺和标尺标签、调整标尺的最大值和最小值、缩放量和缩放系数、刻度样式与颜色、网格样式与颜色等几个选项。

① 显示标尺标签：显示图形或图表上的标尺标签。

② 自动调整标尺：用于表示连接到图形或图表的数据。

③ 显示标尺：用于显示图形或图表上的标尺。

④ 对数：使用对数坐标。如取消该复选框的选择，则表示取线性标尺。

⑤ 反转：交换标尺上最小值和最大值的位置。

（5）游标选项卡。

游标选项卡用于为图形添加游标并配置游标的外观，主要包括以下几个选项。

① 游标：设置要配置的游标。可使用游标属性，通过编程设置要配置的游标。

② 名称：游标的名称。可使用游标名属性，通过编程来命名游标。

③ 线条样式：游标的线条表现样式。可使用线条样式属性，通过编程来设置游标的线条样式。

④ 线条宽度：游标的线条宽度。可使用线条宽度属性，通过编程来设置游标的线条宽度。

⑤ 点样式：游标的点样式。可使用游标点样式属性，通过编程命名游标。

⑥ 游标样式：游标样式设置。可使用游标样式属性，通过编程设置游标样式。

⑦ 游标颜色：游标颜色设置。可使用游标颜色属性，通过编程设置游标颜色。

⑧ 显示名称：在图形上显示游标名。可使用游标名称可见属性，通过编程在图形上显示游标名称。

⑨ 允许拖曳：允许用户在图形上拖曳游标。

⑩ 游标锁定：设置游标的锁定形式。可使用游标模式属性，通过编程设置游标的锁定方式。

⑪ 游标关联曲线：与游标相关联的曲线。可使用游标关联曲线属性，通过编程关联游标和曲线。

⑫ 添加：用于添加一个新游标。

⑬ 删除：用于删除所选游标。

⑭ 显示游标：在图形上显示游标，也可使用可见属性，通过编程在图形上显示游标。

其他的属性较为简单也经常会用到，与一般控件属性对话框中的内容和功能一致，在此不再详细说明。

6.1.2　波形图显示实例

波形图可以接收和显示多种类型和格式的数据，数据类型包括数组、簇、波形数据等，数据格式包括一维数组、多维数组、簇数组等。

1. 实例一

第一个实例是根据输入的数组和簇绘制波形图曲线，程序框图如图 6.10 所示。

图 6.10　波形图显示实例

程序首先利用 For 循环分别产生在 $0 \sim 2\pi$ 均匀分布的 100 个正弦曲线数据点和 100 个余弦曲线数据点，作为波形图的基本数据点，然后再将这些数据点转换成不同的数据格式分别作为波形图的输入。

（1）一维数组绘制一条曲线。将 100 个正弦函数数据点组成一个一维数组直接输入波形图中，运行效果如图 6.11 所示。

图 6.11　一维数组绘制一条曲线

（2）二维数组绘制两条曲线。将 100 个正弦函数数据点数组和将 100 个余弦函数数据点数组构成一个二维数组，作为新的波形图输入，运行效果如图 6.12 所示。

图 6.12　二维数组绘制两条曲线

（3）簇绘制一条曲线。将 x0、dx 和 100 个正弦函数数据点数组构成一个簇，输入新的波形图中，对应效果（x0=10，dx=2，Y）如图 6.13 所示。

图 6.13　簇绘制一条曲线

（4）簇绘制两条曲线。将 100 个正弦函数数据点数组和 100 个余弦函数数据点数组构成一个二维数组，将 x0、dx 和这个二维数组构成一个簇，输入新的波形图中，对应效果（x0=10，dx=2，Y）如图 6.14 所示。

图 6.14　簇绘制两条曲线

（5）簇数组绘制曲线。将 x0、dx 和 100 个正弦函数数据点数组构成一个簇和将 x0、dx 和 100 个余弦函数数据点数组构成一个簇，将两个簇构成一个二维数组，作为新的波形图输入，运行效果如图 6.15 所示。

图 6.15   簇数组绘制曲线

2. 实例二

本节的第二个实例是根据输入的波形数据显示波形图。首先用波形数据绘制一条曲线，在前面板上添加一个波形图控件，命名为"正弦图"；在程序框图中选择位于函数选板中的"信号处理"/"波形生成"/"正弦波形"函数，将函数的"信号输出"端与正弦图接线端连接起来。运行程序，将正弦图的横坐标最大值更改为 0.2（直接双击数字更改即可），程序框图和运行效果如图 6.16 所示。

图 6.16   波形数据绘制一条曲线

再次用波形数据绘制两条曲线。在用波形数据绘制一条曲线的程序基础上，在前面板上添加波形图控件，命名为"混合图"。在程序框图中添加位于函数选板中的"信号处理"/"波形生成"/"锯齿波形"函数，添加函数"编程"/"数组"/"创建数组"，将正弦波和锯齿波的"信号输出"端组合形成数组，并将数组输出和"混合图"接线端连接起来。运行程序，将图中的横坐标最大值设为 0.2，程序框图和运行效果如图 6.17 所示。

图 6.17 波形数据绘制两条曲线

6.1.3 波形图表

"波形图表"是显示一条或多条曲线的特殊波形显示控件，一般用来显示以恒定采样率采集得到的数据。波形图表位于前面板控件选板的"新式"/"图形"子面板中，如图 6.18 所示。波形图表窗口属性对话框与波形图窗口、属性对话框有很多类似，具体设置可以参阅波形图中相关内容。

图 6.18 "波形图表"完整显示项

与波形图不同的是，波形图表并不一次性接收所有需要显示的数据，而是逐点地接收数据，并逐点地在前面板窗口中显示，在保留上一次接收数据的同时显示当前接收的数据。这是因为波形图表有一个缓冲区可以保存一定数量的历史数据，当数据超过缓冲区的大小时，最早的数据将被舍弃，相当于一个先进先出的队列。

1. 设置坐标轴显示

（1）自动调整坐标轴。如果用户想让 Y 坐标轴的显示范围随输入数据变化，可以右键单击波形图表控件，在弹出的快捷菜单中选择"Y 标尺"下的"自动调整 Y 标尺"选项即可。如果取消"自动调整"选项，则用户可任意指定 Y 轴的显示范围，对于 X 轴的操作与之类似。这个操作也可在属性对话框中的"标尺"选项卡中完成，如图 6.19 所示，勾选自动调整标尺复选框或直接指定最大值和最小值即可。

（2）坐标轴缩放。在图 6.19 的"缩放因子"区域内，可以进行坐标轴的缩放设置。坐标轴的缩放一般是对 X 轴进行操作，主要是使坐标轴按一定的物理意义进行显示。例如，对用采集卡采集到的数据进行显示时，默认情况下 X 轴是按采样点数显示的，如果要使 X 轴按时间显示，就要使 X 轴按采样率进行缩放。

（3）设置坐标轴刻度样式。在右键菜单中选择"X 标尺"下的"样式"，然后进行选择，也可以在图 6.19 的"刻度样式与颜色"区域中进行设置，同时可对刻度的颜色进行设置。

（4）多坐标轴显示。默认情况下的坐标轴显示如图 6.18 所示。右键单击坐标轴，在弹出菜单中选择"复制标尺"选项，此时的坐标轴标尺与原标尺同侧；再右键单击标尺，在弹出的菜单中选择"两侧交换"，这样坐标轴标尺就对称显示在图表的两侧了。对于波形图表的 X 轴，不能进行多坐标轴显示，而对于波形图来说，则可以按上述步骤实现 X 轴的多坐标显示。如果要删除多坐标显示，在右键弹出的菜单中选择"删除标尺"即可。

图 6.19　"图表属性"对话框"标尺"选项卡

2. 更改缓冲区长度

在波形图表显示时，数据首先存放在一个缓冲区中，这个缓冲区的大小默认为 1024 个数据，这个数值大小是可以调整的。具体方法为：在波形图表上单击右键，在弹出的快捷菜单中选择"图表历史长度…"选项，在弹出的"图表历史长度"对话框中更改缓冲区的大小，如图 6.20 所示。

图 6.20　"图表历史长度"对话框

3. 刷新模式

数据刷新模式是波形图表特有的，波形图没有这个功能。在波形图表上单击鼠标右键，在弹出的快捷菜单中选择"高级"/"刷新模式"即可完成对数据刷新模式的设置，如图 6.21所示。

图 6.21　设置波形图表刷新模式

波形图表的刷新模式有三种：

（1）带状图表：类似于纸带式图表记录仪。波形曲线从左到右连线绘制，当新的数据点到达右部边界时，先前的数据点逐次左移，而最新的数据会添加到最右边。

（2）示波器图表：类似于示波器，波形曲线从左到右连线绘制，当新的数据点到达右部边界时，清屏刷新，然后从左边开始新的绘制。

（3）扫描图表：与示波器模式类似，不同之处在于当新的数据点到达右部边界时，不清屏，而是在最左边出现一条垂直扫描线，以它为分界线，将原有曲线逐点右推，同时在左边画出新的数据点。

示波器图表模式及扫描图表模式比带状图表模式运行速度快，因为它无需像带状图表那样处理屏幕数据滚动而另外花费时间。

下面我们通过一个实例用三种不同的刷新模式显示波形曲线，程序设计步骤如下。

步骤一：新建一个 VI。打开前面板，选择"控件"/"新式"/"图形"/"波形图表"对象，添加三个到前面板中，分别修改标签名称为"带状图表""示波器图表"和"扫描图表"。

步骤二：设置刷新模式。在"带状图表"控件上单击鼠标右键，选择"高级"/"刷新模式"/"带状图表"选项，将它设置成带状图表模式的显示形式，按相同方法分别设置其他两个控件的显示方式为"示波器图表"模式和"扫描图表"模式。

步骤三：编辑程序框图。打开程序框图，在"函数"/"信号处理"/"信号生成"子面板中选择"正弦信号"对象，放置到程序框图中，用它来产生正弦信号。将"正弦信号"输出端分别与"带状图表""示波器图表"和"扫描图表"对象的接线端相连。添加一个 While循环，将程序框图上的对象都置于循环程序框内，设置程序运行时间间隔为 100 ms。

步骤四：运行程序。分别用带状图表模式、扫描图模式、示波器图表模式来显示正弦波，其效果和程序框图如图 6.22 所示。

图 6.22　三种不同刷新模式显示正弦信号波形

6.1.4　波形图表实例

下面用两个实例来学习波形图表的实际应用。第一个实例是利用波形图表显示正弦和余弦两条曲线。程序的设计是利用 For 循环分别产生在 0～2π均匀分布的 100 个正弦曲线数据点和 100 个余弦曲线数据点。添加位于函数选板中的"编程"/"簇、类与变体"/"捆绑"对象到循环结构框中，将正弦和余弦两组数据捆绑作为波形图表的输入。程序框图和程序运行过程中随时间变化的结果如图 6.23 所示。

图 6.23　波形图表显示正弦和余弦曲线

从上面的例子可以看出波形图和波形图表的一些不同之处。单独看显示正弦曲线时，波形图接收 100 个点组成的一维数组后显示一条曲线，波形图表每次接收一个数据，循环 100 次以后显示完整波形；显示正弦和余弦两条曲线时，波形图表每次接收由一个正弦点和一个余弦点组成的簇，循环 100 次以后显示完整波形。

第二个实例是分格显示曲线，每条曲线用不同样式表示。分格显示曲线是波形图表特有的功能。右键单击波形图表控件，在弹出的菜单中选择"分格显示曲线"选项即可实现此功能，当然也可以在属性对话框的"外观"选项卡中进行设置。程序设计步骤如下：

步骤一：新建一个 VI。打开前面板，添加一个波形图表控件，修改标签名称为"分格显示"。

步骤二：切换到程序框图，添加一个 While 循环结构，设置程序运行时间间隔为 100 ms。

步骤三：在函数面板中，选择"数学"/"初等与特殊函数"/"三角函数"子面板中的"正弦"对象，添加到 While 循环体内，将循环次数端子 I 与正弦函数输入端相连。

步骤四：在函数面板中，选择"编程"/"簇、类与变体"子面板中的"捆绑"对象，添加到 While 循环体内，拉伸成三个端口，分别与"正弦"对象的输出端相连，形成簇数组，与"分格显示"波形图表控件相连。

步骤五：切换到前面板，在波形图表上单击鼠标右键，在弹出的快捷菜单中选择"分格显示曲线"选项。拉伸波形图表的图例，显示三条曲线图例，单击每一个图例，在弹出的快捷菜单中选择"常用曲线"选项，设置曲线的不同样式。

步骤六：运行程序，显示效果和程序框图如图 6.24 所示。

图 6.24　波形图表分格显示曲线实例

6.2　XY 图与 Express XY 图

由于波形图表与波形图的横坐标都是均匀分布的，因而不能描绘出非均匀采样得到的数据曲线，而坐标图就可以轻松实现。LabVIEW 中的 XY 图和 Express XY 图是用来画坐标图的有效控件。XY 图和 Express XY 图的输入数据需要两个一维数组，分别表示数据点的横坐标和纵坐标的数值。在 XY 图中需要将两个数组合成一个簇，而在 Express XY 图中则只需要将两个一维数组分别与该 VI 的"X 输入端口"和"Y 输入端口"相连。

6.2.1　XY 图

XY 图是反映水平坐标和垂直坐标关系的图，是通用的笛卡儿绘图对象，用于绘制多值函数，如圆形或具有可变时基的波形。XY 图可以显示任何均匀采样或非均匀采样的点的集合。

XY 图位于前面板的"新式"/"图形"子面板中。XY 图窗口及属性对话框与波形图窗口及属性对话框相同，具体设置可以参照波形图中的介绍。XY 图窗口完整显示项如图 6.25 所示。XY 图接收的数据不要求水平坐标等间隔分布，而且数据格式与波形图也有一些区别。

图 6.25　XY 图完整窗口

6.2.2　绘制简单利萨如图

在 XY 图中绘制 Lissajious（利萨如）图是学习 XY 图的一个经典实例。当幅值和频率相同，Lissajious（利萨如）图根据输入的 X 和 Y 按正弦规律发生变化。当 X 和 Y 的相位差为 0 或 180 的整数倍数时，利萨如图为斜率为 ±1 的直线；当 X 和 Y 的相位差为其他数值时，利萨如图为各种不同形式的椭圆。程序设计具体步骤如下：

步骤一：新建一个 VI，打开前面板，添加一个 XY 图控件，修改标签名为"利萨如图"。

步骤二：生成输入 X 的数据。在程序框图窗口的函数选板中，选择"信号处理"/"波形生成"/"正弦波形"对象，添加到程序框图中，用来产生一个正弦波形（相位默认为 0）。然后选择"编程"/"波形"/"获取波形成分"对象添加到程序框图中，连接正弦波形的信号输出端和"获取波形成分"对象的输入端，提取波形值。右键点击"获取波形成分"对象，在弹出的快捷菜单中选择"选择项"选项里面的 t0、dt 和 Y 值。

步骤三：生成输入 Y 的数据，与输入 X 相差一定的相位。与生成输入 X 的数据相同，只是要在"正弦波形"对象的"相位"输入端创建一个输入控件，命名为"Y 的相位"。

步骤四：添加一个"捆绑"函数，将"捆绑"函数拉伸到两个接线端，输入端口分别连接 X 数据和 Y 数据的"获取波形成分"对象的"Y"输出端，构成一个簇。将"捆绑"函数的输出端与"利萨如图"对象的输入端相连，如图 6.26 所示。

图 6.26　绘制利萨如图程序框图

步骤五：设置"Y 的相位"控件的不同数值，运行程序，结果如图 6.27 所示。

图 6.27　绘制利萨如图效果图

6.2.3　XY 图实例

XY 图的输入数据类型相对比较简单，一种是直接将 X 数组和 Y 数组绑定为簇作为输入；另一种是把每个点的坐标都绑定为簇，然后作为簇数组输入。对于这两种方式，都可以通过将多个输入合并为一个一维数组输入来实现一幅图中显示多条曲线。

本实例利用 For 循环分别产生 100 个在 0 ~ 2π 均匀分布的正弦和余弦函数数据点，并产生不等间距的水平坐标刻度（0，1，3，6，10…），作为 XY 图的基本数据。程序设计步骤如下：

步骤一：For 循环产生数据点。新建一个 VI，保存文件名为"XY 图显示实例.vi"；打开程序框图，添加一个 For 循环结构，在循环总数端子创建一个常量，赋值为 100；在 For 循环结构上添加一个移位寄存器，赋初始值为 0；在函数面板中，选择"数学"/"初等与特殊函数"/"三角函数"子面板中的"正弦"和"余弦"函数，添加到 For 循环体内。其他数据连线如图 6.28 所示。

图 6.28　For 循环产生数据点

步骤二：一维簇数组绘制单个 XY 曲线。在步骤一的程序框图基础上，在 For 循环循环体内添加一个"捆绑"函数，将函数拉伸到两个输入端口，一个输入端连接正弦函数的输出端，另一个输入端连接加法运算结果。这样将正弦函数数据点和不等间距的 X 坐标打包形成簇，再经过循环结构就形成了一个簇数组，作为 XY 图的输入。打开前面板，在前面板中添加一个 XY 图，修改标签名为"一维数组绘制单个 XY 曲线"。运行程序，其程序框图和运行效果如图 6.29 所示。

图 6.29　一维簇数组绘制单个 XY 曲线

步骤三：二维簇数组绘制两个 XY 曲线。与步骤二类似，在 For 循环体内再添加一个"捆绑"函数，将函数拉伸到两个输入端口，一个输入端连接余弦函数的输出端，另一个输入端连接加法运算结果。这样将余弦函数数据点和不等间距的 X 坐标打包形成簇，再经过循环结构就形成了一个簇数组。在 For 循环体外添加两个"捆绑"函数，分别对正弦数据点数组和余弦数据点数据打包成簇，添加一个"创建数组"函数，将两个簇新建成一个二维数组，作为 XY 图的输入。打开前面板，在前面板中添加一个 XY 图，修改标签名为"二维数组绘制两个 XY 曲线"。运行程序，其程序框图和运行效果如图 6.30 所示。

图 6.30　二维簇数组绘制两个 XY 曲线

步骤四：数组簇绘制单个 XY 曲线。在步骤一程序框图的基础上，在 For 循环体外添加一个"捆绑"函数，将函数拉伸到两个输入端口，一个输入端连接正弦函数（或余弦函数）的输出端，另一个输入端连接加法运算结果。将 For 循环结果输出的两个数组打包成簇，作为 XY 图的输入。打开前面板，在前面板中添加一个 XY 图，修改标签名为"数组簇绘制单个 XY 曲线"。运行程序，其程序框图和运行效果如图 6.31 所示。

图 6.31 数组簇绘制单个 XY 曲线

步骤五：簇数组绘制两个 XY 曲线。在步骤四程序框图的基础上，在 For 循环体外继续添加一个"捆绑"函数，将函数拉伸到两个输入端口，一个输入端连接余弦函数（或正弦函数）的输出端，另一个输入端连接加法运算结果，将 For 循环结果输出的两个数组打包成簇。继续添加一个"创建数组"函数，将两个簇新建成一个二维数组，作为 XY 图的输入。打开前面板，在前面板中添加一个 XY 图，修改标签名为"簇数组绘制两个 XY 曲线"。运行程序，其程序框图和运行效果如图 6.32 所示。

图 6.32 簇数组绘制两个 XY 曲线

6.2.4 Express XY 图

Express XY 图采用了 LabVIEW 的 Express 技术，将 Express XY 图放置到前面板上的同时，在程序框图中会自动添加一个 VI，它的 XY 轴数据为动态数据类型。因此只需要将 XY 数组数据与之相连，它就会自动添加一个转换函数将其转换为动态数据类型。双击该函数可以选择是否在画新图时先清空画面，因此使用起来非常方便。

Express XY 图与 XY 图一样，位于前面板的"新式"/"图形"子面板中。Express XY 图窗口及属性对话框与 XY 图窗口及属性对话框完全相同，只是其程序框图不一样。如图 6.33 所示。

图 6.33 Express XY 图的程序图

下面通过 Express XY 图和 XY 图绘制同心圆的实例，来比较和学习 Express XY 图和 XY 图的应用。两个圆的半径分别为 1 和 2，如前所述，用 XY 图显示的时候对数据要进行簇捆绑，而用 Express XY 图显示时，如果显示的只是一条曲线，则只要将两个一维数组分别输入到 Express XY 的 X 输入端和 Y 输入端即可。本例需显示两个同心圆，所以在将数据接入到 Express XY 的输入端时，要先用"创建数组"函数将数据连接成一个二维数组。程序设计步骤如下：

步骤一：新建一个 VI，打开前面板，分别添加一个 XY 图和一个 Express XY 图。保存文件名为"XY 图绘制同心圆.vi"。

步骤二：打开程序框图，选择函数面板中的"数学"/"初等与特殊函数"/"三角函数"子面板中的"正弦与余弦"函数，将其添加到程序框图中。

步骤三：添加一个 For 循环结构，用 For 循环产生 360 个数据点，正弦值作为 X 轴，余弦值作为 Y 轴，这样画出来的曲线就是一个圆。在"函数"/"编程"/"簇、类与变体"子面板中选择"捆绑"函数，将"正弦与余弦"函数的输出值组成簇数据。

步骤四：在 For 循环体外添加一个"创建簇数组"函数，将其拉伸到两个输入端，将"捆绑"函数输出的数据一路直接与"创建簇数组"函数的一个输入端相连，另一路乘以 2 以后再与"创建簇数组"函数的另一个输入端相连，组成二维数组后与 XY 图相连。

步骤五：在 For 循环体外添加两个"创建数组"函数，将其都拉伸到两个输入端，将"正弦与余弦"的 sin 输出端口连接到"创建数组"函数的一个输入端，将 sin 输出端口乘以 2 连接到"创建数组"函数的另一个输入端。右键点击"创建数组"函数，选择"连接输入"，把组成的数组连接到 Express XY 图的 X 输入端,用同样的方法组成一个二维数组连接到 Express XY 图的 Y 输入端。程序框图如图 6.34 所示。

图 6.34　Express XY 图和 XY 图绘制同心圆框图

步骤六：运行程序，前面板运行结果如图 6.35 所示。

图 6.35　Express XY 图和 XY 图绘制同心圆前面板

6.3 强度图形

强度图形包括强度图和强度图表。强度图和强度图表通过在笛卡儿平面上放置颜色块的方式在二维图上显示三维数据。例如，强度图和强度图表可显示温度图和地形图（以量值代表高度）。

6.3.1 强度图

强度图位于前面板控件选板中的"新式"/"图形"子面板中。强度图窗口及属性对话框与波形图相同，如图 6.36 所示，具体设置可以参照波形图中的介绍。强度图用 X 轴和 Y 轴来表示坐标，用屏幕色彩的亮度来表示该点的值。它的输入是一个二维数组，默认情况下数组的行坐标作为 X 轴坐标，数组的列坐标作为 Y 坐标，也可以通过右键单击并选择"转置数组"，将数组的列作为 X 轴，行作为 Y 轴。

图 6.36 强度图完整窗口图

与波形图相比，强度图多了一个用颜色表示大小的 Z 轴。默认 Z 轴刻度的右键快捷菜单如图 6.37 所示。右键快捷菜单中第一栏用来设置刻度和颜色，相关知识简单介绍如下：

图 6.37 强度图 Z 轴刻度的右键快捷菜单

（1）刻度间隔：用来选择刻度间隔"均匀"和"随机"分布。

（2）添加刻度：如果"刻度间隔"选择"随机"，可以在任意位置添加刻度；如果"刻度间隔"选择"均匀"，则此项不可用，为灰色。

（3）删除刻度：如果"刻度间隔"选择"随机"，则可以删除任意位置已经存在的刻度；同样，如果"刻度间隔"选择"均匀"，则此项不可用。

（4）刻度颜色：表示该刻度大小的颜色，点击打开系统颜色选择器可选择颜色。在图形中选择的颜色就代表了该刻度大小的数值。

（5）插值颜色：选中表示颜色之间有插值。选中表示有过渡颜色；如果不选中，表示没有过渡颜色。

6.3.2 强度图表

强度图表位于前面板控件选板中的"新式"/"图形"子面板中，强度图表窗口及属性对话框与波形图表类似，如图 6.38 所示。强度图表中 Z 轴的功能和设置与强度图相同。

图 6.38　强度图表窗口

强度图表和强度图之间的差别与波形图中相似：强度图一次性接收所有需要显示的数据，并全部显示在图形窗口中，不能保存历史数据；强度图表可以逐点地显示数据点，反映数据的变化趋势，可以保存历史数据。

在强度图表上绘制一个数据块以后，笛卡儿平面的原点将移动到最后一个数据块的右边。图表处理新数据时，新数据出现在旧数据的右边；若图表显示已满，则旧数据从图表的左边界移出，这一点类似于带状图表。

下面创建一个二维数组，同时输入到强度图和强度图表，循环多次以对比结果。程序设计步骤如下：

步骤一：新建一个 VI，在前面板中添加一个强度图和一个强度图表控件。

步骤二：打开程序框图，用 For 循环创建一个 4×5 的二维数组，数组中元素在 0~50 随机产生，将二维数组输入至强度图和强度图表，如图 6.39 所示。

图 6.39 强度图和强度图表实例程序框图

步骤三：为了区别强度图和强度图表，多次运行程序，以观察动态变化过程，如图 6.40 所示。在前面板窗口中，更改 Z 轴刻度的最大值，运行并观察结果。

图 6.40 强度图和强度图表显示比较

由图中可以看出，强度图每次接收新数据以后，一次性刷新历史数据，在图中仅显示新接收的数据；而强度图表接收数据以后，在不超过历史数据缓冲区的情况下，将数据都保存在缓冲区中，可显示保存的所有数据。

6.4　数字波形图

在数字电路设计中我们经常要分析时序图，LabVIEW 提供了数字波形图来显示数字时序。数字波形图位于前面板控件选板中的"新式"/"图形"子面板中。数字波形图窗口及属性对话框与波形图相同，如图 6.41 所示，具体设置可以参照波形图中的介绍。

图 6.41　数字波形图完整窗口

在学习数字波形图之前，先介绍一下"数字数据"控件，该控件位于"控件"/"新式"/"I/O"子面板中。将它放置到前面板上后类似于一张真值表，如图 6.42 所示。用户可以随意地增加和删除数据（数据只能是 0 或者 1），插入行或者删除行可以通过右键单击控件并选择"在前面插入行/删除行"，对于列的操作则需要用户右键单击控件并选择"在前面插入列/删除列"即可。

图 6.42　数字数据控件

1. 用数字数据作为输入直接显示

用数字数据作输入直接显示，横轴代表数据序号，纵轴从上到下表示数字数据从最低位到最高位的电平变化，如图 6.43 所示。

图 6.43　数字数据输入直接显示

2. 组合成数字波形后进行输出

用"创建波形"函数将数字数据与时间或者其他信息组合成数字波形，用数字波形图进行显示，如图 6.44 所示。

图 6.44　数字波形输出

3. 簇捆绑输出

对于数组输入，可以用"捆绑"函数对数字信号进行打包。数据捆绑的顺序为：X0、Delta x、输入数据、Number of Ports。这里的 Number of Ports 反映了二进制的位数或字长，等于 1 时为 8bit，等于 2 时为 16bit，依此类推。显示结果和程序框图如图 6.45 所示。

图 6.45　簇捆绑输出

4. 混合信号输出

混合信号图可以将任何波形图、XY 图或数字图接受的数据类型连线到混合图上，不同的数据类型用"捆绑"函数连接。混合信号图在不同的绘图区域绘制模拟和数字数据，如图 6.46 所示。

图 6.46　混合信号输出

6.5　三维图形

在实际应用中，大量数据都需要在三维空间中可视化显示，例如某个表面的温度分布、联合时频分析、飞机运动等。三维图形可令三维数据可视化，修改三维图形属性可改变数据的显示方式。为此，LabVIEW 也提供了一些三维图形工具，包括三维曲面图、三维参数图和三维曲线图。

三维图形是一种最直观的数据显示方式，它可以很清楚地描绘出空间轨迹，给出 X、Y、Z 三个方向的依赖关系。三维图形位于控件面板的"新式"/"图形"/"三维图形"子面板中，如图 6.47 所示。

图 6.47 "三维图形"控件

6.5.1 三维曲面图

"三维曲面图"用来描绘一些简单的曲面，LabVIEW 2016 提供的曲面图形控件可以分为两种类型：曲面和三维曲面图形。曲面和三维曲面图形控件的 X、Y 轴输入的是一维数组，Z 轴输入的是矩阵，其数据接口如图 6.48 所示。

图 6.48 曲面和三维曲面图形接线端

其中，"三维曲线类数组输入"和"曲线输入"端是存储三维曲线数据的类的引用；"x向量"端输入一维数组，表示 XY 平面上 x 的位置，默认为整型数组[0，1，2…]；"y向量"端输入一维数组，表示 XY 平面上 y 的位置，默认为整型数组[0，1，2…]；"z矩阵"端是指定要绘制图形的 z 坐标的二维数组，如未连线该输入，LabVIEW 可依据 z 矩阵中的行数绘制 X 轴的元素数，依据 z 矩阵中的列数绘制 Y 轴的元素数；"颜色矩阵"使得 z 矩阵的各个数据点与颜色梯度的索引映射，默认条件下，z 矩阵的值被用作索引；"曲线 ID"端指定要绘制的曲线的 ID，通过选择图形右侧颜色谱下的下拉菜单可查看每条曲线。

下面介绍用曲面和三维曲面图形控件绘制正弦曲面实例。它们在显示方式上没有太大的差别，都可以将鼠标放置到图像显示区上，将图像在 X、Y、Z 方向上任意旋转。两者最大的区别在于，"曲面"控件可以方便地显示三维图形在某个平面上的投影，只要单击控件右下方的"投影选板"相关选项即可。程序设计步骤如下：

步骤一：新建一个 VI，打开前面板，将"新式"/"图形"/"三维图形"子面板中的"曲面"控件和"三维曲面图形"控件添加到前面板上。

步骤二：打开程序框图，添加一个 For 循环结构，设置循环总次数为 50 次；对于循环体内，在函数面板中选择"信号处理"/"信号生成"/"正弦信号"函数，将其添加到循环体内；把"正弦信号"输出端连接"曲面"和"三维曲面图形"对象的 Z 矩阵接线端，程序框图如图 6.49 所示。

图 6.49 "三维曲面"图程序框图

步骤三：运行程序，前面板效果如图 6.50 所示。

图 6.50 "三维曲面"图效果图

6.5.2 三维参数图

"三维曲面图"只是对于 Z 方向的曲面图而言，而"三维参数图"是三个方向的曲面图。"三维参数图"与曲面图不同之处在于程序框图中的控件和子 VI，如图 6.51 所示。

图 6.51 "三维参数图"接线端

其中，"x 矩阵"端是指定曲线数据点的 x 坐标的二维数组，表示投影到 YZ 平面的曲面数据；"y 矩阵"端是指定曲线数据点的 y 坐标的二维数组，表示投影到 XZ 平面的曲面数据；

"z 矩阵"端是指定曲线数据点的 z 坐标的二维数组，表示投影到 XY 平面的曲面数据。由于"三维参数图"是三个方向的曲面图,因此代表三个方向曲面的二维数组数据都是不可减少的。

下面利用三维参数图模拟水面波纹的制作。水面波纹的算法用 $z=\sin(\text{sqrt}(x^2+y^2))/\text{sqrt}(x^2+y^2)$ 实现,用户可以改变不同的参数来观察波纹的变化。创建程序的步骤如下:

步骤一：新建一个 VI,打开前面板,添加一个三维参数图形控件,保存文件。

步骤二：打开程序框图,用两个 For 循环嵌套,生成一个二维数组,在循环次数输入端点击鼠标右键,选择"创建输入控件"。

步骤三：选择"函数"/"编程"/"数值"/"乘"运算符并放置在内层 For 循环中。一个输入端与 For 循环的 i 相连,在另一端创建一个输入控件"x"。再选择一个"减"运算符,"被减数端"与"乘"输出端相连,在另一端创建一个输入控件"y"。

步骤四：将 For 循环生成的二维数组连接到"三维参数图形"对象的 x 矩阵输入端,选择"函数"/"编程"/"数组"/"二维数组转置"函数,将生成的二维数组转置后连接到"三维参数图形"对象的 y 矩阵输入端。

步骤五：再创建两个嵌套 For 循环,选择两个"平方"运算符放置到内层 For 循环体内,将其输入端分别与原数组和转置后的数组相连,再将这两个数相加后开方,得到 $(x^2+y^2)^{1/2}$。选择"函数"/"数学"/"初等与特殊函数"/"三角函数"/"Sinc 函数",输入端与"开方"输出端相连,输出连接到"三维参数图形"对象的 z 矩阵输入端。

步骤六：最后选择"函数"/"编程"/"结构"/"While 循环"结构,将程序框图的所有对象放置到循环体内,设置每次循环的间隔时间为 100 ms。程序框图如图 6.52 所示。

图 6.52　三维参数图模拟水面波纹框图

步骤七：运行程序,在前面板中不断修改 x、y 和数值输入控件的值,观察三维参数图形生成的模拟水波纹结果,如图 6.53 所示。

图 6.53　三维参数图模拟水面波纹效果图

6.5.3　三维曲线图

"三维曲线图"在三维空间显示曲线而不是曲面，它的数据接线端如图 6.54 所示。其中，"x 向量"接线端输入一维数组，表示曲线在 X 轴上的位置；"y 向量"接线端输入一维数组，表示曲线在 Y 轴上的位置；"z 向量"接线端输入一维数组，表示曲线在 Z 轴上的位置。

图 6.54　"三维曲线图"接线端

在三维曲线图中，三个一维数组长度相等，分别代表 X、Y、Z 三个方向上的向量，是不可缺少的输入参数，由[x（i），y（i），z（i）]构成第 i 点的空间坐标。

下面用三维曲线控件绘制螺旋曲线，创建程序的步骤如下：

步骤一：新建一个 VI，打开前面板，添加一个三维曲线图控件到前面板上，选择"控件"/"新式"/"数值"子面板中的"旋钮"控件添加到前面板，修改标签为"数据点数"，更改最大值为 10000。

步骤二：打开程序框图，添加一个 For 循环结构，循环次数输入端与"数据点数"对象输出端相连。

步骤三：从"函数"/"编程"/"数值"子面板中选择"乘"运算符放置在内层 For 循环体中，一个输入端与 For 循环的 i 相连，在另一端连接常量π，再选择一个"除"运算符，"被除数端"与"乘"输出端相连，在另一端创建一个常量 180。选择函数面板中的"数学"/"初等与特殊函数"/"三角函数"子面板中的"正弦"和"余弦"函数，添加到循环体中。

步骤四：连接"正弦"函数的输出端和三维曲线图的 x 向量输入端，连接"余弦"函数的输出端和三维曲线图的 y 向量输入端，直接连接"除"运算符的输出端和三维曲线图的 z 向量输入端。

步骤五：从"函数"/"编程"/"结构"子面板中选择"While 循环"结构，将程序框图的所有对象放置到循环体内，设置每次循环的间隔时间为 100 ms。程序框图如图 6.55 所示。

图 6.55　三维曲线绘制螺旋框图

步骤六：运行程序，在前面板中不断调整数据点数控件的值，观察三维曲线图形生成的螺旋曲线结果，如图 6.56 所示。

三维图形子面板中还提供了诸如"散点图""饼图""等高线图"等其他控件，这些控件的使用方法与前例中所讲的控件类似，此处不再赘述。

图 6.56　三维曲线绘制螺旋效果图

6.6　图形控件

除了基本的图表图形控件，LabVIEW 还提供了图形控件。通过图形控件，用户可以随心所欲地画自己想要的图形。同时基于该图形控件，LabVIEW 还提供了丰富的预定义图形控件，用于实现各种曲线图形，比如极坐标图、雷达图、Smith 图等。这些控件在控件面板的"新式"/"图形"/"控件"子面板中，如图 6.57 所示。

图 6.57　图形控件子面板

6.6.1　极坐标图

极坐标图位于控件面板的"新式"/"图形"/"控件"子面板中，极坐标图控件的输入/输出接口如图 6.58 所示。用户用到的接口主要是"数据数组"和"尺寸"两个接口。"数据数组"是由点组成的数组，每个点是由幅度和以度为单位的相位组成的簇，用于指定标尺的格式和精度；"尺寸"由宽度和高度两个要素组成，宽度指定右侧增加的水平坐标，高度指定底部增加的垂直坐标。

图 6.58 极坐标图输入/输出接口

下面通过一个实例来学习极坐标图的使用，程序设计步骤如下：

步骤一：新建一个 VI，打开前面板，添加一个极坐标图控件，然后再添加三个数值输入控件，分别修改标签名为"样点数""初值"和"增加量"。

步骤二：切换到程序框图，添加一个 For 循环结构，循环次数输入端连接"样点数"对象；创建移位寄存器，初始值连接"初值"对象；选择"加"符号运算符，一端与移位寄存器左端连接，另一端连接"增加量"对象，输出端与移位寄存器的右端连接。

步骤三：选择函数面板中的"数学"/"初等与特殊函数"/"三角函数"子面板中的"正弦"函数，将其添加到循环体中，将移位寄存器左端数值除以 6 后连接到"正弦"函数输入端。

步骤四：添加"捆绑"函数，拉伸成两个输入端口，一个与正弦值加 2 后的数值相连，另一端连接移位寄存器的左端数值，捆绑形成的簇数组连接到极坐标图的数据数组输入端。

步骤五：在极坐标图的尺寸及属性端口上单击鼠标右键，选择"创建"/"输入控件"，这样就自动生成了极坐标参数调整的簇。

步骤六：从"函数"/"编程"/"结构"子面板中选择"While 循环"结构，将程序框图的所有对象放置到循环体内，设置每次循环的间隔时间为 100 ms。程序框图如图 6.59 所示。

图 6.59 极坐标图实例框图

步骤七：运行程序，不断改变输入参数，观察波形的变化，程序的前面板如图 6.60 所示。

图 6.60 极坐标图前面板

6.6.2 最小-最大曲线显示控件

最小-最大曲线显示控件位于控件面板的"新式"/"图形"/"控件"子面板中，最小-最大曲线显示控件的输入/输出接口如图 6.61 所示。最主要的是"数据"输入端口，该点数组中的每个元素是由 X 和 Y 的像素坐标组成的簇。

图 6.61 最小-最大曲线显示控件接线端

下面用最小-最大曲线显示控件显示一条螺旋曲线，创建程序的步骤如下：

步骤一：新建一个 VI，打开前面板，添加一个最小-最大曲线显示控件，保存文件。

步骤二：打开程序框图，创建一个 For 循环，循环次数设置为输入控件，更改标签名为"点数"。

步骤三：选择函数面板中的"数学"/"初等与特殊函数"/"三角函数"子面板中的"正弦与余弦"函数，添加到循环体中，将 For 循环的 i 转换成弧度后连接到"正弦与余弦"函数的输入端。

步骤四：添加"捆绑"函数，拉伸成两个输入端口，将"正弦与余弦"函数的两个输出端除以加 1 后的弧度值（加 1 的目的是为了避开起始的 0 值），连接"捆绑"函数的输入端。捆绑形成的簇数组连接到最小-最大曲线显示控件的"数据"输入端。

步骤五：在最小-最大曲线显示控件的尺寸、属性、网格、曲线等端口，右键单击选择"创建"下的"输入控件"。

步骤六：选择"函数"/"编程"/"结构"/"While 循环"结构，将程序框图的所有对象放置到循环体内，设置每次循环的间隔时间为 100 ms。程序框图如图 6.62 所示。

图 6.62 最小-最大曲线显示控件显示 XY 图框图

步骤七：运行程序，不断修改"点数"控件输入值，观察最小-最大曲线显示控件显示效果，如图 6.63 所示。

图 6.63 最小-最大曲线显示控件显示 XY 图

思考与练习

1. 利用随机数发生器仿真一个 0~5 V 的采样信号，每 200 ms 采一个点，共采集 50 个点，采集完后一次性显示在 Waveform Graph 上。

2. 利用随机数发生器仿真一个 0 到 5V 的采样信号，每 200 ms 采一个点，利用实时趋势曲线实时显示采样结果。

3. 在习题 2 的基础上再增加 1 路电压信号采集，此路电压信号的范围为 5~10 V。

7 快速 VI 技术（**Express VI**）

7.1 Express VI 简介

LabVIEW 大部分 Express VI 可以在函数选板"Express"中找到，如图 7.1 所示。它们的共同特点是能简单快速地通过对话框等建立程序。

图 7.1 Express 函数

Express VI 在使用时，通常都配有一个配置对话框，如图 7.2 所示，用于设定程序运行时用到的一些数据，这样就不必在程序框图上输入数据，以简化程序框图。Express VI 可以称作快速编程技术，如基本的数据采集显示程序，仅需使用几个 Express VI 就可以实现。加之用对话框方式输入参数，因此使用它编程比较简单。

图 7.2 时间延迟 Express VI 和配置对话框

　　虽然 Express VI 的功能强大、使用便捷，但其运行效率较低。因为有时候应用程序的功能虽然比较简单，但是其调用的 Express VI 中包含了应用程序用不到的功能。这部分功能也占用了内存空间，会影响程序的运行速度。故对于效率和实时性要求较高的程序，不适合使用 Express VI。

7.2　Express VI 的创建

　　Express VI 可以通过前面板或程序框图的右键菜单进行创建，其中通过程序框图的函数选板进行创建较为常见。

　　程序框图中的 Express 菜单中包含的 Express VI 如图 7.3 所示。

图 7.3　函数选板中的 Express 菜单

　　通过表 7.1 中的各种 Express VI 函数，用户可以快速地搭建应用程序。这里以一个常见的波形发生器和滤波器进行示例。

表 7.1　Express VI 函数

函数内容	说　明
输出 Express VI	输出 Express VI 用于将数据保存到文件、生成报表、输出实际信号、与仪器通信以及向用户提示信息
输入 Express VI	输入 Express VI 用于收集数据、采集信号或仿真信号
算术与比较 Express VI	算术与比较 Express VI 用于执行算术运算，以及对布尔、字符串及数值进行比较
信号操作 Express VI	信号操作 Express VI 用于对信号进行操作，以及执行数据类型转换
信号分析 Express VI	信号分析 Express VI 用于进行波形测量、波形生成和信号处理
执行过程控制 Express VI 和函数	执行过程控制 Express VI 和函数可用在 VI 中添加定时结构，控制 VI 的执行过程

选择"函数选板"/"Express"/"输入"/"仿真信号"函数以及选择"函数选板"/"Express"/"信号分析"/"滤波器"函数，将两个 Express VI 函数放置到程序框图中，并按如图 7.4 所示程序框图及前面板进行设计。

图 7.4　低通滤波器设计

双击仿真信号函数，将仿真信号设置为 20 Hz 带有 0.6 幅值的白噪声，如图 7.5 所示。

图 7.5　带有白噪声的正弦波

双击滤波器函数，将滤波器设置为低通滤波，截止频率可以通过输入控件设置为 25 Hz，如图 7.6 所示。最终通过如图 7.4 所示的前面板可以看到与原波形相比，滤波后的波形频域为 20 Hz，幅域有一定的衰减，通过 Express VI 函数可以很快完成信号处理任务。

图 7.6　滤波器参数设置

7.3 波形分析示例

利用 Express VI 函数可以非常方便地进行波形分析工作，如求取波形的幅值、频率和相位等信息。将"函数选板"/"Express"/"输入"/"仿真信号"函数以及"函数选板"/"Express"/"信号分析"/"播放波形"两个 Express VI 函数放置到程序框图中，并设置和创建波形图表仿真信号设正弦波，两个旋钮分别接到正弦波的频率和幅值上，如图 7.7 所示。

图 7.7 波形分析求取幅值和频率

可以看到通过"单频测量"函数，就可以很准确地获得采集到的波形频率和幅值等信息，其中"单频测量"函数设置如图 7.8 所示。

图 7.8　"单频测量"函数设置

7.4　声音录制播放 Express VI 示例

　　Express VI 函数还提供了快速的声音录制和播放函数，将"函数选板"/"Express"/"输入"/"声音采集"以及"函数选板"/"Express"/"输出"/"播放波形"两个 Express VI 函数放置到程序框图，并设置顺序结构及录制 5 秒的声音，如图 7.9 所示。

图 7.9　录制声音并播放 VI 前面板

　　设置"声音采集"及"播放波形"函数参数如图 7.10、7.11 所示，注意需要计算机带有麦克风硬件。

图 7.10　声音采集参数设置

图 7.11　波形播放参数设置

最终点击运行，可以通过麦克风录制 5 秒的声音，通过前面板波形图表可以看到声音的波形，并最终播放出来。

7.5　弹出信息录入框 Express VI 示例

Express VI 函数提供了快速的弹出式用户输入对话框方式，选择"函数选板"/"Express"/"输入"/"提示用户输入"函数，将该路径下的"提示用户输入"函数放置到程序框图，如图 7.12 所示。

图 7.12　用户录入对话框

点击运行，就可以通过用户的录入对话框来获取信息，进行各种编程操作。运行效果如图 7.13 所示。

图 7.13 用户录入对话框信息获取

思考与练习

利用 Express VI 产生一个带白噪声的正弦信号，然后用功率谱分析 Express VI 对其进行功率谱分析，并将原信号与分析结果写入测量文件。

8 子 VI 和属性节点

在 LabVIEW 图形化编程环境中，图形连线会占据较大的屏幕空间，用户不可能把所有的程序都在同一个 VI 的程序框图中实现。因此很多情况下，用户需要把程序分割为一个个小的模块去实现，这就是子 VI。在面向对象的编程中，将类中定义的数据称为属性，而将函数称为方法。实际上，LabVIEW 中的控件、VI、甚至应用程序都有自己的属性和方法。例如一个数值控件，它的属性包括它的文字颜色、背景颜色、标题和名称等，它的方法包括设为默认值、与数据源绑定、获取其图像等。通过属性节点和方法节点可以实现软件的很多高级功能，而某些控件必须通过属性节点和方法节点才能使用，如列表框和树形控件等。

8.1 子 VI

LabVIEW 中的子 VI 类似于文本编程语言中的函数。如果在 LabVIEW 中不使用子 VI，就好比在文本编程语言中不使用函数一样，根本不可能构建大的程序。前面章节中介绍了很多 LabVIEW 函数面板中的函数，其实这些都是 LabVIEW 自带的标准子 VI。本节将介绍如果创建自定义 VI，并定义相关属性。

8.1.1 创建子 VI

其实任何 VI 本身就可以作为子 VI 被其他 VI 调用，只是需要在普通 VI 的基础上多进行两步简单的操作而已：定义连接端子和图标。

下面先以一个简单的子 VI 创建为例来学习如何一步一步地创建子 VI。本实例就是建立一个子 VI，计算圆的面积和周长，要求只需输入圆的半径，即可得到圆的面积和周长。程序设计步骤如下：

步骤一：新建一个 VI，在前面板上添加一个数值输入控件，命名为"半径"，添加两个数值显示控件，分别命名为"面积"和"周长"。切换到程序框图，在函数面板选择三个"乘"函数、一个常量π、一个"平方"函数，连接相关接线端子。如图 8.1 所示，能够正确实现圆的面积和周长的运算。

图 8.1 圆的面积和周长子 VI

步骤二：编辑子 VI 图标。右击前面板或程序框图右上角的图标标识"![icon]"，在弹出的快捷菜单中选择"编辑图标…"选项或直接双击图标标识"![icon]"，则会弹出如图 8.2 所示的"图标编辑器"对话框，在对话框中可以对图标进行编辑。编辑子 VI 图标是为了方便在主 VI 的程序框图中辨别子 VI 的功能，因此编辑子 VI 图标的原则是尽量通过该图标就能表明该子 VI 的用途。本实例的图标编辑非常简单，只需选择菜单栏"编辑"/"清空所有"选项，对默认的本 VI 图标进行全部清空。也可以选择对话框中的工具栏的橡皮擦工具对部分或全部清除，然后在"图标文本"选项卡中的"第一行文本"填写"圆"，"第二行文本"填写"面积"，"第三行文本"填写"周长"，单击"确定"按钮即可。用户也可以选择"符号""图层"选项卡对图标进行更美观的设计，在此不再赘述。

图 8.2 "图标编辑器"对话框

步骤三：建立连接端子。连接端子就好比函数参数，用于子 VI 的数据输入与输出。右击 VI 前面板右上角图标"![icon]"，在弹出的快捷菜单中选择"模式"选项，即可弹出系统默认的各种接线端子形式图集，如图 8.3 所示。初始情况下，连接端子是没有与任何控件连接的，即所有的端子都由空白的小方格组成，每一个小方格代表一个端子。在连接端子图集中选择四端子模式图标"![icon]"，右击或左击该图标，这样前面板右上角的图标就修改为用户选择的图标了。单击图标左上角的小方格，当光标变为线轴形状"![icon]"，此时单击输入控件"半径"，就实现了该端子与控件"半径"的连接，这时候该小方格就会自动更新为该控件所代表的数据类型的颜色。用同样的方法将右边的两个空格分别连接"面积"和"周长"显示控件。

图 8.3 连接端子图集

　　LabVIEW 会自动根据控件类型判断是输入端子还是输出端子，输入控件对应输入端子，显示控件对应输出端子。一般来说，在连接端子时尽量将输入端子放在图标左边，输出端子放在图标右边。如果端子不够或者过多，可以右击端子并选择"添加接线端"或"删除接线端"选项来改变接线端子个数，最多可以有 28 个端子。

　　步骤四：保存该 VI，命名为"圆的面积和周长子 VI.vi"。保存好 VI 后，就可以在其他 VI 中调用该子 VI 了。

　　其实也可以通过现有的程序框图自动创建子 VI。只需要在主 VI 程序框图中选中那段希望被创建为子 VI 的代码后，然后选择"编辑"下的"创建子 VI（S）"选项，这时 LabVIEW 会自动将这段代码包含到一个新建的子 VI 中去，并根据选中程序框图中的控件自动建立连接端子。

　　子 VI 的调用比较简单，跟函数面板的其他函数调用一样。创建一个 VI，在前面板上添加三个输入和显示控件，分别为"r""s"和"l"。切换到程序框图，在函数面板中选择"选择 VI…"选项，即可在文件选择对话框中选择刚保存的"圆的面积和周长子 VI.vi"，并添加到程序框图中，连接相关的接线端子，如图 8.4 所示。这样就实现了对该子 VI 的调用。

图 8.4　调用子 VI

8.1.2　定义子 VI 属性

　　在默认情况下，如果有两处程序框图都调用同一个子 VI，那么这两处程序框图不能并行运行。即如果当该子 VI 正在被调用执行时，其他调用就必须等待直到当前调用执行完毕。而在很多情况下，用户都希望不同的调用应该是相互独立的，这时候就需要把子 VI 设为可重入子 VI。在子 VI 的主菜单栏中选择"文件"下的"VI 属性"选项，在 VI 属性对话框类别中选择"执行"选项，即进入"执行"页面，如图 8.5 所示。选中"共享副本重入执行"单选框后，该子 VI 便是可重入子 VI 了。

图 8.5　设置 VI 的可重入属性

当使用 VI 的可重入属性后，每一处对该子 VI 的调用都会在内存中产生该子 VI 的一个副本。副本之间相互独立，因此这样不仅可以保证调用的并行性，还可以让每一处调用都保持自己的状态（在子 VI 中可以通过移位寄存器来保存上次被调用时的状态）。

下面通过一个实例来理解非重入子 VI 与重入子 VI 之间的区别。程序设计步骤如下：

步骤一：新建一个 VI，该 VI 作为子 VI，命名为"延时子 VI"，在子 VI 的前面板中添加一个布尔开关控件，在程序框图中添加一个条件结构，在条件结构的真页面设置等待时间为 1000 ms，在假页面设置等待时间为 5000 ms。

步骤二：新建一个 VI，作为主 VI，命名为"可重入子 VI 实例.vi"。在前面板添加两个布尔开关控件，命名为"真"和"假"；添加一个数值显示控件，命名为"消耗时间"。

步骤三：打开主 VI 的程序框图，添加一个平铺顺序结构，在前后各添加一帧。在中间帧里面调用"延时子 VI"函数，分别用两个布尔开关控件赋值；在第一帧中添加一个时间计数器控件，将创建的"真""假""消耗时间"三个控件的局部变量添加到第一帧中；在第三帧中添加一个时间计数器控件和"减"函数，用第三帧的时间计数器值减去第一帧的时间计数器值作为消耗时间值。

步骤四：分别设置子 VI 的可重入性为"非重入执行"和"共享副本重入执行"，运行程序，其程序框图和主 VI 的前面板结果如图 8.6 所示。当设置为"共享副本重入执行"时，消耗时间为 5000 ms，表明两处调用是并行执行的；当设置为"非重入执行"时，消耗时间为 6000 ms，表明两处调用是按先后顺序执行的。

图 8.6　可重入 VI 举例

有时候可能需要在调用子 VI 时能打开子 VI 前面板，例如利用一个子 VI 来实现登录对话框。其实实现这个功能非常简单，只需要在主 VI 中右击子 VI 图标，选择"设置子 VI 节点…"选项，就会弹出如图 8.7 所示的子 VI 节点设置对话框。

图 8.7　子 VI 节点设置对话框

其中，"加载时打开前面板"选项表示在主 VI 打开的同时打开子 VI 的前面板，这个选项并不常用；"调用时显示前面板"表示在调用子 VI 时打开子 VI 的前面板，而"如之前未打开则在运动后关闭"表示在调用完毕后是否自动关闭子 VI 的前面板，选中这两项都可以实现前面所说的对话框功能；最后"调用时挂起"表示当子 VI 被调用时将弹出子 VI 前面板，而此时子 VI 处于"挂起"状态，直到用户点击"返回至调用方"按钮"▲"后才返回到主 VI，这个选项在调试时可以用到。

下面介绍利用显示子 VI 前面板来实现登录对话框的实例，程序设计步骤如下：

步骤一：新建一个 VI，命名为"登录对话框.vi"，作为子 VI。其前面板设计和程序框图如图 8.8 所示。其中前面板的密码文本框设置为"密码显示"，程序框图主要由 While 循环结构、事件结构和条件结构组成。设置子 VI 的 VI 属性，选择"窗口外观"页面，再选择"自定义"单选按钮并单击"自定义…"按钮，在弹出的"自定义窗口外观"对话框中就可以对 VI 前面板的显示内容进行设置，如图 8.9 所示。

步骤二：新建一个 VI，命名为"登录主 VI.vi"，作为主 VI。其前面板设计和程序框图如图 8.10 所示。

步骤三：运行程序，效果如图 8.11 所示。输入正确的用户名和密码，验证成功，程序运行结束；输入错误的用户名或密码，验证失败，程序继续等待用户输入。用户可以改变其中的程序代码，查看其中不同的运行效果。

图 8.8　登录对话框 VI 程序图

图 8.9　"自定义窗口外观"对话框

图 8.10　登录界面主 VI 程序图　　　　　图 8.11　登录界面效果图

8.2　属性节点

　　属性节点可以用来通过编程设置或获取控件的属性，譬如在程序运行过程中，可以通过编程设置数值控件的背景颜色等属性。创建属性节点有两种方法：一种是在程序框图中直接右击控件图标，在弹出的快捷菜单中选择"创建"/"属性节点"选项，在弹出的下一级菜单中就可以看到该控件相关的所有属性，选择想设置或获取的属性，就会在绘制程序框图中创建该属性节点，如图 8.12 所示；另一种方法是在函数面板中选择"编程"/"应用程序控制"/"属性节点"选项，添加到程序框图中，然后右击该属性节点，选择"链接至"选项就能与当前 VI 中的任何一个控件关联，关联后就可以选择该控件的任何属性了。拉长属性节点可以同时显示或设置多个属性。右击每个属性，在弹出的快捷菜单中选择"选择属性"选项就可以选择需要设置或读取的具体某一个属性值了，默认情况下是读取该控件的属性。右击属性节点，在弹出的快捷菜单中选择"全部转换为写入"选项，就可以设置该控件的各种属性，如图 8.13 所示。

图 8.12　第一种方法创建数值控件属性节点

图 8.13　第二种方法创建数值控件属性节点

下面用圆形指示灯的可见属性来控制圆形指示灯是否可见，程序设计步骤如下：

步骤一：新建一个 VI，在前面板上添加一个开关按钮控件和圆形指示灯控件，分别命名为"可见"和"指示灯"。

步骤二：创建指示灯的可见属性节点。切换到程序框图，右击"指示灯"图标，在弹出的快捷菜单中选择"创建"/"属性节点"/"可见"选项，添加到程序框图中，然后再右击该属性节点，选择"全部转换为写入"选项，把属性节点设置为写入状态，将"可见"图标的输出端子与指示灯可见属性节点的输入端子连接。

步骤三：选择"函数"/"编程"/"结构"/"While 循环"结构，将程序框图的所有对象放置到循环体内，设置每次循环的间隔时间为 100 ms。

步骤四：运行程序，在前面板中点击"可见"控件，可以看到指示灯根据用户需要可见或不可见。程序框图和效果图如图 8.14 所示。可见不可见是看指标灯，而不是"可见"按钮，"可见"文字仅仅是按钮的名称标签。

图 8.14　通过可见属性控制指示灯是否可见

通过控件的引用同样可以获得和设置控件的相关属性。将应用程序控制面板上的属性节点放到程序框图中后，可以看到它有一个引用输入端，如图 8.15 所示。在程序框图中右击控件图标，在弹出的快捷菜单中选择"创建"下的"引用"选项就可以获得该控件的引用。它就像是该控件的句柄，输入该控件的句柄就可以获得该控件的属性，上一个例题的程序框图可以修改为如图 8.16 所示的框图，通过控件引用控制指示灯是否可见。

图 8.15　属性节点接线端　　　　图 8.16　通过控件引用控制指示灯是否可见

在事件结构中，若某个控件的相关事件发生时，在事件结构中就会有该控件的引用输出。下面的实例可以实现当鼠标移动到任何一个控件上时，就会在文本框中显示该控件的名称。程序设计步骤如下：

步骤一：新建一个 VI，在前面板上添加一个开关按钮控件和确定按钮，分别修改标签为"可见"和"确定"，添加一个字符串显示控件，命名为"标签_文本"。

步骤二：切换到程序框图，添加一个事件结构，右击事件结构边框，在弹出的快捷菜单中选择"添加事件分支…"选项，即可弹出"编辑事件"对话框。在对话框的事件源中选择每个控件，在事件栏里面选择"鼠标"/"鼠标进入"，如图 8.17 所示。

步骤三：在"鼠标进入"事件分支中，选择"编程"/"应用程序控制"/"属性节点"选项添加到事件分支中，将"引用"输入端与"控件引用"输出端连接。右击属性节点，在弹出的快捷菜单中选择"选择属性"/"标签"/"文本"选项，将该属性节点的输出端与"标签_文本"图标的输入端连接。

步骤四：选择"函数"/"编程"/"结构"/"While 循环"结构，将程序框图的所有对象放置到循环体内，设置每次循环的间隔时间为 100 ms。

步骤五：运行程序。在前面板中，当鼠标移动到某个控件时，可以看到该控件的标签名称显示在文本框中。程序框图和运行效果如图 8.18 所示。

图 8.17 "编辑事件"对话框

图 8.18 在事件结构中使用属性节点

8.3　调用节点和引用句柄

调用节点又称方法节点。与属性节点非常类似，调用节点就好比控件的一个函数，它会执行一定的动作，有时候还需要输入参数和返回数据。

调用节点的创建方法与属性节点一样，也有两种方法。一种是在程序框图中右击控件图标，在弹出的快捷菜单中选择"创建"下的"调用节点"选项，如图 8.19 所示；另一种方法是在函数面板中选择"编程"/"应用程序控制"/"调用节点"选项，添加到程序框图中，其接线端如图 8.20 所示。

图 8.19　创建调用节点

图 8.20　调用节点的接线端

调用节点同属性节点一样，也可以通过调用节点与控件引用连线的方法获得该控件的调用节点。

一般情况下，将控件作为子 VI 的输入端时只能传递控件的值，而不能传递控件的属性，类似于 C 语言中的传值调用。那么如何才能在子 VI 中调用上层 VI 中控件的属性和方法呢？这就需要使用引用句柄控件作为子 VI 的输入端子，在调用时将控件的引用与引用句柄端子连线即可。此时传递的是控件的引用，因此可以在子 VI 中调用输入控件的属性和方法节点。

引用句柄参考的创建是在控件面板中选择"新式"/"引用句柄"/"控件引用句柄"函数，将其放置在前面板上即可。此时该参考只是代表一般控件，因此它的属性节点只包含控件的一般属性。需要控制某种控件的特有属性时，与数组的创建类似，若要将其与这种控件相关联，只需要将关联控件类型放置到引用句柄控件中，此时引用句柄控件就自动变成关联控件的特定参考了，如图 8.21 所示。

图 8.21　创建布尔引用句柄

创建好控件的参考后，在程序框图中将其与属性节点或调用节点连接就能获得该控件的各种属性和方法。下面用引用句柄的方式来实现指示灯控件的可见性。程序设计步骤如下：

步骤一：新建一个 VI，作为引用句柄的子 VI。在前面板添加两个开关控件和一个引用句柄控件，然后把其中一个开关控件关联到引用句柄控件中。切换到程序框图，添加一个属性节点，连接引用输入端到 Bool 引用句柄，转换为全部写入状态，选择属性为可见性，连接开关输出端和可见属性输入端。然后添加接线端子和修改子 VI 图标。其程序框图和前面板如图 8.22 所示。

图 8.22　引用句柄子 VI 图

步骤二：新建一个 VI，在前面板添加一个开关控件和指示灯控件。在程序框图中，创建一个指示灯控件的引用；添加自定义的"引用句柄子 VI"对象到框图中，"Bool 引用"端子接线端连接指示灯的引用对象，"开关"端子连接开关控件输出端。

步骤三：选择"函数"/"编程"/"结构"/"While 循环"结构，将程序框图的所有对象放置到循环体内，设置每次循环的间隔时间为 100 ms。

步骤四：运行程序，在前面板中点击"开关"按钮控件，可以看到指示灯根据用户需要可见可不见。程序框图和运行效果如图 8.23 所示。第一个图指示灯绿色可见，第二个图指示灯看不见，用开关按钮来控制。

图 8.23　引用句柄控制指示灯可见性

8.4　属性节点应用实例

8.4.1　进度条

进度条是用来表示程序执行进度的控件，它有垂直进度条、水平进度条两种样式，两种功能完全一样。它位于控件面板的"新式"/"数值"子面板中。

下面介绍用属性节点来控制进度条最大刻度值的实例，程序设计步骤如下：

步骤一：新建一个 VI，在前面板添加"水平进度条"和"水平刻度条"两个控件，分别命名为"进度"和"倒计时进度"；添加一个数值输入控件，修改标签为"总刻度"，作为进度条最大刻度值的输入控件。

步骤二：切换到程序框图，添加一个 For 循环结构。设置时间间隔为 500 ms，在 For 循环上添加移位寄存器，分别对"进度"和"倒计时进度"赋值。

步骤三：右击"进度"和"倒计时进度"图标，在弹出的快捷菜单中选择"创建"/"属性节点"/"标尺"/"范围"/"最大值"属性节点，添加到程序框图中，转换为全部写入状态，连接输入端子与总刻度图标的输出端子。

步骤四：运行程序。当改变总刻度的输入值时，会发现两个进度条的总刻度随之变化。程序框图和运行效果如图 8.24 所示。

图 8.24　进度条实例

8.4.2　单选按钮

单选按钮是一种选择控件，主要是对一些项目进行选择。其功能比较强大，可以添加多个选项。单选按钮位于前面板控件面板中"新式"下的"布尔"子面板。

下面就通过字体大小和颜色属性节点的实例来学习单选按钮的使用。程序设计步骤如下：

步骤一：新建一个 VI，在前面板上添加一个单选按钮控件，该控件添加到前面板时默认为两个选项，选中其中一个选项，再进行复制粘贴可以生成多个选项。这里生成四个选项，右击每一个单选按钮，在弹出的快捷菜单中选择"属性"选项，即可进入"布尔类的属性"对话框，如图 8.25 所示。在外观选项卡中更改标签分别为"字体变蓝""字体变黑"、"字体变大""字体变小"，并选择"多字符串显示"复选框，设置"开时文本"为"开"，"关时文本"为"关"。

图 8.25　"布尔类属性"对话框

步骤二：在前面板选择两个控件面板的"数值"下的"带边框颜色盒"控件，分别修改标签为"字体大小变化时颜色"和"字体背景色"；添加一个字符串显示控件，修改标签为"显示框"。

步骤三：创建显示框的属性节点。切换到程序框图，右击显示框图标，在快捷菜单中选择"创建"/"属性节点"/"文本"/"字体"/"字号"属性节点，将属性节点转换为全部写入状态。下拉属性节点到三个接线端，右击第二个属性节点，选择"选择属性"/"文本"/"字体"/"颜色"属性节点，第三个节点选择"选择属性"/"文本"/"文本颜色"/"背景色"属性节点。

步骤四：创建单选按钮条件结构。在程序框图中添加一个条件结构，将单选按钮图标的输出端连接其分支选择器，添加到四个分支，分别命名为"字体变蓝""字体变黑""字体变大"和"字体变小"，在每一个分支里面添加一个数值常量，作为字体大小设置值。在"字体变蓝"和"字体变黑"两个分支中，继续添加一个数值常量，作为字体颜色设置值，并设置显示格式为"十六进制"，右击该数值常量，在快捷菜单中选中"显示项"/"基数"选项。其分支结构的程序框图如图 8.26 所示。

图 8.26 单选按钮分支结构

步骤五：选择"函数"/"编程"/"结构"/"While 循环"结构，将程序框图的所有对象放置到循环体内，设置每次循环的间隔时间为 100 ms。

步骤六：运行程序。查看前面板，选择单选按钮组的不同选项，设置两个颜色盒的不同颜色，在显示框控件中就会显示不同的效果，程序框图和运行效果如图 8.27 所示。

图 8.27 单选按钮设置字体大小颜色

思考与练习

1. 写一个子 VI，计算输入双精度数组所有元素的平均值，并在上层 VI 调用它。

2. 编写子 VI，该 VI 的功能是返回两个输入数据中的较大值，并要求在上层 VI 调用它。

3. 设计一个程序，要求前面板有一个旋钮控件以及两个按钮控件。当点击一个按钮时，旋钮控件能够隐藏，当点击另一个按钮的时候，旋钮控件又可以显示出来。

9 文件操作

在 LabVIEW 程序设计中，常常需要调用外部文件数据，同时也需要将程序产生的结果数据保存到外部文件中，这些都离不开文件输入/输出操作。LabVIEW 文件操作包括文件输入和文件输出两个方面，是 LabVIEW 与外部数据交换的重要方式。

9.1 文件操作基本术语

文件操作是程序设计中的一个重要概念，简称文件 I/O。在文件的输入/输出中会用到一些相关概念和术语，如文本文件、引用句柄、流盘等。一般来说，文件是存储在磁盘上的数据的集合，文件 I/O 就是要在磁盘中保存和读取数据信息的过程。以文件形式存储起来的数据具有"永久性"。数据文件不仅可以与 LabVIEW 语言编写的 VI 交换数据，而且也可以与其他语言编写的程序交换数据，达到数据共享的目的。

9.1.1 文件的基本概念

文件路径分为绝对路径和相对路径。绝对路径指文件在磁盘中的位置，LabVIEW 可以通过绝对路径访问在磁盘中的文件；相对路径指相对于一个参照位置的路径，相对路径必须最终形成绝对路径才能访问磁盘中的文件。LabVIEW 中，路径可以是有效的路径名、空值或非路径。非路径是 LabVIEW 提供的一种特殊路径，是在路径操作失败时的返回值。

文件引用句柄是 LabVIEW 对文件进行区分的一种标识符，用于对文件进行操作。打开一个文件时，LabVIEW 会生成一个指向该文件的引用句柄。对打开文件进行的所有操作均使用引用句柄来识别每个对象。引用句柄控件用于将一个引用句柄传进或传出 VI。LabVIEW 通过文件路径访问到文件后，为该文件设置一个文件引用句柄，以后通过此句柄即可对文件进行操作。文件引用句柄包含文件的位置、大小、读/写权限等信息。

文件 I/O 格式取决于所读/写的文件格式。LabVIEW 可读/写的文件格式有文本文件、二进制文件和数据记录文件三种。使用何种格式的文件取决于采集和创建的数据及访问这些数据的应用程序。

文件 I/O 流程控制保证文件操作顺序依次进行。在文件 I/O 操作过程中，一般有一对保持不变的输入、输出参数，用来控制程序流程。文件标识号就是其中之一，除了区分文件外，它还可以进行流程控制。文件标识号将输入、输出端口依次连接起来，可保证操作按顺序依次执行，实现对程序流程的控制。

文件 I/O 出错管理反映文件操作过程中出现的错误。LabVIEW 对文件进行 I/O 操作时，一般提供一个错误输入端和一个错误输出端用来保留和传递错误信息。错误数据类型为一个簇，包含一个布尔量（判断是否出错）、一个整型量（错误代码）和一个字符串（错误和警告信息）。在程序中，将所有错误输入端和错误输出端依次连接起来，任何一点的出错信息就可以保留下来，并依次传递下去。在程序末端连接错误处理程序，可实现对程序中所有错误信息的管理。

流盘是一项在进行多次写操作时保持文件打开的技术。流盘操作可以减少函数因打开/关闭文件与操作系统进行交互的次数，从而节省内存资源。流盘操作避免了对同一文件进行频繁地打开和关闭，可提高 VI 效率。

9.1.2　文件的基本类型

在 LabVIEW 文件操作过程中，涉及的文件类型也不少，主要有文本文件、二进制文件、数据记录文件、电子表格文件、波形文件、测量文件、配置文件和 XML 文件。下面对每一个文件进行简单介绍。

文本文件是最便于使用和共享的文件格式，几乎适用于任何计算机和任何高级语言。许多基于文本的程序都可以读取基于文本的文件，多数仪器控制应用程序使用文本字符串。如果磁盘空间、文件 I/O 操作速度和数字精度不是主要考虑因素，或无需进行随机读/写，就可以使用文本文件存储数据，以方便其他用户和应用程序读取文件。若要通过其他应用程序访问数据，如文字处理或电子表格应用程序，可将数据存储在文本文件中。若数据存储在文本文件中，使用字符串函数可将所有的数据转换为文本字符串。

文本文件格式有三个缺点：用这种格式保存和读取文件的时候需要进行文件格式转换，例如，读取文本文件时，要将文本文件的 ASCII 码转换为计算机可以识别的二进制代码格式，存储文件的时候也需要将二进制代码转换为 ASCII 码的格式；用这种格式存储的文件占用的磁盘空间比较大，存取的速度相对比较慢；对于文本类型的数据，不能随机地访问其中的数据，这样需要找到文件中某个位置的数据的时候就需要把这个位置之前的所有数据全部读出来，效率比较低。

二进制文件格式是在计算机上存取速度最快、格式最为紧凑、冗余数据也比较少的一种文件格式。用这种格式存储文件，占用的空间要比文本文件小得多，并且用二进制格式存取数据不需要进行格式转换，因而速度快、效率高。但是这种格式存储的数据文件无法被一般的文字处理软件读取，也无法被不具备详细文件格式信息的程序读取，因而其通用性较差。

数据记录文件确切地说也是一种二进制文件，只是在 LabVIEW 等 G 语言中这种类型的文件扮演着十分重要的角色，因而在这里为其建立了一个独立的文件类型。数据记录文件只能被 G 语言（如 LabVIEW）读取，它以记录的格式存储数据，一个记录中可以存放几种不同类型的数据，或者说一个记录就是一个"簇"。

电子表格文件是一种特殊的文本文件，它将文本信息格式化，并在格式中添加了空格、换行等特殊标记，以便被 Excel 等电子表格软件读取。例如，用制表符来做段落标记以便让一些电子表格处理软件直接读取并处理数据文件中存储的数据。

波形文件是一种特殊的数据记录文件,专门用于记录波形数据。每个波形数据包含采样开始时间、采样间隔、采样数据三部分。LabVIEW 提供了三个波形文件 I/O 函数。

测量文件是一种只有 LabVIEW 才能读取的文件格式,因而适合于只用 LabVIEW 访问的文件,这种文件使用简单、方便。

配置文件是标准的 Windows 配置文件,用于读/写一些硬件或软件的配置信息,并以 INI 配置文件的形式进行存储。一般来说,一个 INI 文件是个键值对的列表。它将不同的部分分为段,用中括号将段名括起来表示一个段的开始。同一个 INI 文件中的段名必须唯一,每一个段内部用键来表示数据项。同一个段内键名必须唯一,但不同段之间的键名无关。键值所允许的数据类型为:字符串型、路径型、布尔型、双精度浮点型和整型。

XML 文件是可扩展标记语言,实际上也是一种文本文件,但是它的输入可以是任何数据类型。它通过 XML 语法标记的方式将数据格式化,因此在写入 XML 文件之前需要将数据转换为 XML 文本。XML 的读出也一样,需要将读出的字符串按照给定的参考格式转换为 LabVIEW 数据格式。利用 XML 纯文本文件可以用来存储数据、交换数据和共享数据。大量的数据可以存储到 XML 文件中或者数据库中。LabVIEW 中的任何数据类型都可以以 XML 文件方式读/写。XML 文件最大的优点是实现了数据存储和显示的分离,用户可以把数据以一种形式存储,用不同的方式打开,而不需要改变存储格式。

9.1.3 文件操作基本函数

针对多种文件类型的 I/O 操作,LabVIEW 提供了功能强大且使用便捷的文件 I/O 函数,这些函数大都位于函数选板的"编程"下的"文件 I/O"子选板内,如图 9.1 所示。下面对文件 I/O 函数选板中常用的几个 I/O 函数进行简单介绍。

图 9.1 "文件 I/O"子选板

1. 打开/创建/替换文件函数

"打开/创建/替换文件"函数的功能是打开或替换一个已经存在的文件或创建一个新文件。它的函数接线端子如图 9.2 所示。

图 9.2 "打开/创建/替换文件"函数接线端子

"提示"端子输入的是显示在文件对话框的文件、目录列表或文件夹上方的信息。"文件路径（使用对话框）"端子输入的是文件的绝对路径，如没有连线文件路径，函数将显示用于选择文件的对话框。"操作"端子是定义打开/创建/替换文件函数要进行的文件操作，可以输入 0~5 的整数量，其每个整数所代表的意义如表 9.1 所示。"权限"端子可以定义文件操作权限，文件操作权限有三种：0 表示可读/可写，为默认状态；1 表示只读状态；2 表示只写状态。

表 9.1 "打开/创建/替换文件"函数操作端子表

0	open（默认）——打开已经存在的文件
1	replace——通过打开文件并将文件结尾设置为 0，替换已存在文件
2	create——创建新文件
3	open or create——打开已有文件，如文件不存在则创建新文件
4	replace or create——创建新文件，如文件已存在则替换该文件，VI 通过打开文件并将文件结尾设置为 0 替换文件
5	replace or create with confirmation——创建新文件，如文件已存在且拥有权限，则替换该文件，VI 通过打开文件并将文件结尾设置为 0 替换文件

句柄也是一个数据类型，包含了很多文件和数据信息，在本函数中包括文件位置、大小、读/写权限等信息。每当打开一个文件，就会返回一个与此文件相关的句柄。在文件关闭后，句柄和文件联系自动消失。文件函数用句柄连接，用于传递文件和数据操作信息。

2. 关闭文件函数

"关闭文件"函数用于关闭引用句柄指定的打开文件，并返回至与引用句柄相关文件的路径。使用关闭文件函数后，错误 I/O 只在该函数中运行，无论前面的操作是否产生错误，错误 I/O 都将关闭，从而释放引用，保证文件正常关闭。

3. 格式化写入文件函数

"格式化写入文件"函数可以将字符串、数值、路径或布尔数据格式化为文本类型并写入文件。函数接线端子如图 9.3 所示。

图 9.3 "格式化写入文件"函数接线端子

"格式字符串"端子指定如何转换输入参数，默认状态可匹配输入参数的数据类型。"输入文件（使用对话框）"可以是引用句柄或绝对文件路径，如为引用句柄，节点可打开引用句柄指定的文件，如指定的文件不存在，函数可创建该文件，默认状态可显示文件对话框并提示用户选择文件。拖动函数下边框可以为函数添加多个输入。"输入"端子指定要转换的输入参数，输入可以是字符串路径、枚举型、时间标识或任意数值类型。"输出文件引用句柄"端子是 VI 读取的文件的引用句柄。依据对文件的不同操作，可连接该输入端至其他文件函数。"格式化写入文件"函数还可以用于判断数据在文件中显示的先后顺序。

4. 扫描文件函数

扫描文件函数与格式化写入函数功能相对应，可以扫描位于文本中的字符串、数值、路径及布尔数据，并将这些文本数据类型转换为指定的数据类型。输出端子的默认数据类型为双精度浮点型。

若要为输出端子创建输出数据类型，有四种方式可供选择：

（1）通过为默认 1~n 输入端子创建指定输入类型和输出数据类型。

（2）通过格式字符串定义输出类型，但布尔类型和路径类型的输出类型无法用格式字符串定义。

（3）先创建所需类型的输出控件，然后连接输出端子，自动为扫描文件函数创建相应的输出类型。

（4）双击扫描文件函数，将打开一个"编辑扫描字符串"窗口，可以在该窗口进行添加、删除端子和定义端子类型操作。

9.2 文本文件

文本文件读写函数在函数面板中的位置为"编程"下的"文件 I/O"子面板中，主要有"写入文本文件"函数和"读取文本文件"函数。

"写入文本文件"函数根据文件路径端子打开已有文件或创建一个新文件，其接线端子如图 9.4 所示。"文件"端子输入的可以是引用句柄或绝对文件路径，不可以输入空路径或相对路径。"文本"端子输入的为字符串或字符串数组类型的数据，如果数据为其他类型，则必须先使用格式化写入字符串函数（位于函数面板字符串子选板内）把其他类型数据转换为字符串类型的数据。

图 9.4 "写入文本文件"函数接线端子

"读取文本文件"函数将读取整个文件，其接线端子如图 9.5 所示。"计数"端子可以指定函数读取的字符数或行数的最大值，如果"计数"端子输入数小于 0，将读取整个文件。

图 9.5 "读取文本文件"函数接线端子

VI 多次运行时通常会把上一次运行时的数据覆盖，有时为了防止数据丢失，需要把每次运行 VI 时产生的数据资料添加到原始数据资料中，这就需要使用设置文本位置函数。设置文件位置函数位于"文件 I/O—高级文件函数"子面板中，用于指定数据写入的位置。其接线端子如图 9.6 所示。

图 9.6 "设置文件位置"函数接线端子

"自（0：起始）"端子指定文件标记，即数据开始存放的位置，为"自（0：起始）"端子创建常量时，显示的是一个枚举型常量；选择"start"项表示在文件起始处设置文件标记；选择"end"项表示在文件末尾处设置文件标记；选择"current"项则表示当前文件标记处设置文件标记，为默认状态。偏移量用于指定文件标记的位置与自指定位置的距离。

下面通过实现向一个文本文件中写入和读取随机数的例子，来学习文本文件函数的基本应用。

步骤一：新建一个 VI，在程序框图中添加一个循环生成 100 个随机数的 For 循环，通过选择"编程"/"字符串"/"格式化写入字符串"函数，对生成的随机数进行格式化，转换为字符串数据类型，作为写入文件的数据内容。

步骤二：创建文件。选择"编程"/"文件 I/O"/"打开/创建/替换文件"函数，用鼠标右击文件路径端子为其创建一个文件路径，并添加一个绝对路径和文件名称，如果不连接任何路径，则程序会弹出"选择或输入需打开或创建的文件路径"对话框，让用户选择文件存储路径和存储文件名称，本例输入的路径是"D：\xsc\file.txt"。用鼠标右键其操作端子，创建一个常量，并选择"open or create"。

步骤三：设置文件写入位置。选择"编程"/"文件 I/O"/"高级文件函数"/"设置文件位置"函数，用鼠标右键其自操作端子，创建一个常量，并选择"end"。连接好相关的引用句柄和错误输入流。注意，"设置文件位置"函数必须位于"写入文本文件"函数之前，因为需要在写入前设置好写入位置。

步骤四：写入文件内容。选择"编程"/"文件 I/O"/"写入文本文件"函数，把 For 循环生成的 100 个转换为字符串的随机数作为数据内容，输入写入文本文件函数的文本端子，连接好相关的引用句柄和错误输入流。

步骤五：关闭文件。添加一个"关闭文件"函数，对打开的文件进行关闭，以节省系统资源。

步骤六：读取文件。选择"编程"/"文件 I/O"/"读取文本文件"函数，把读取出来的所有内容分别用文本的形式和波形图表的形式显示出来。文件的写入和读取程序框图如图 9.7 所示。

图 9.7　文本文件写入和读取随机数框图

步骤七：运行程序，前面板运行效果如图 9.8 所示。在 D 盘 "xsc" 文件夹下有一个命名为 "file" 的文本文件，里面保存了生成随机数的数据。

图 9.8　文本文件写入和读取随机数效果图

9.3　电子表格文件

电子表格文件用于存储数组数据，可用 Excel 等电子表格软件查看数据，实际上它也是文本文件，只是数据之间自动添加了 "Tab" 符或换行符。

电子表格文件读写函数位于 "编程" 下的 "文件 I/O" 子面板中，包括 "写入带分隔符电子表格" 和 "读取带分隔符电子表格" 两个函数。

写入带分隔符电子表格是将数组转换为文本字符串形式保存，其接线端子如图 9.9 所示。其中 "格式输入" 端子指定数据转换格式和精度；"二维数据输入" 端子和 "一维数据输入" 端子能输入字符串、带符号整型或双精度类型的二维或一维数组；"添加至文件" 端子连接布尔型数据，默认为 "False"，表示每次运行程序产生的新数据都会覆盖原数据，设置为 "True" 时表示每次运行程序新创建的数据将添加到原表格中去，而不删除原表格数据。默认情况下，一维数据为行数据，当在转置端子添加"True"布尔控件时，一维数据转为列数组，也可以使用"二维数组转置"函数（位于函数选板下数组子选板内）将数据进行转置。

图 9.9 "写入带分隔符电子表格"函数接线端子

"读取带分隔符电子表格"函数是一个典型的多态函数，通过多态选择按钮可以选择输出格式为双精度、字符串型或整型，其接线端子如图 9.10 所示。行数端子是 VI 读取行数的最大值，默认情况下为-1，代表读取所有行；读取起始偏移量指定从文件中读取数据的位置，以字符（或字节）为单位；第一行是所有行数组中的第一行，输出为一维数组；读后标记指向文件中最后读取的字符之后的字符。

图 9.10 "读取带分隔符电子表格"函数接线端子

为了熟悉电子表格文件函数的应用，接下来介绍一个实例，用一个 For 循环生成两个一维数组数据保存到文件中，然后读取到前面板。

步骤一：在创建 VI 的程序框图中，添加一个 For 循环结构。如图 9.11 所示，添加一个随机数生成函数和一个除号运算符，通过循环生成两组不同（有规律和无规律）的数据。

步骤二：添加两个写入带分隔符电子表格函数，创建一个共同的文件路径。如果没有在文件路径数据端口指定文件路径，程序会弹出"选择待写入文件"对话框，让用户选择文件存储路径和存储文件名称。

步骤三：在添加至文件端子处新建一个常量，将输入的数组做转置运算，写入带分隔符电子表格文件的程序编写完成，如图 9.11 所示。

图 9.11 电子表格文件读写程序框图

步骤四：在程序框图中添加一个读取带分隔符电子表格文件函数，设置需要读取的文件路径。同样如果没有指定文件路径，则会弹出"选择需读取文件"对话框，让用户选择读取文件路径和名称。

步骤五：设置读取行数端子为-1，表示全部读取。其余代码如图 9.11 所示。

步骤六：运行程序，前面板运行效果如图 9.12 所示。同样在文件保存路径下也可以看到文件的存在和文件里面的内容。

图 9.12　电子表格文件读写效果图

9.4　二进制文件

在众多的文件类型中，二进制文件是存取速度最快、格式最紧凑、冗余数据最少的文件存储格式。在高速数据采集时常用二进制格式存储文件夹，以防止文件生成速度大于存储速度的情况发生。

二进制文件的数据输入可以是任何数据类型，如数组和簇等复杂数据。但是在读出时必须给定参考，参考必须与写入时的数据格式完全一致，否则它不知道将读出的数据翻译为写入时的格式。二进制文件读写函数在函数面板中"编程"下的"文件 I/O"子面板中，包括写入二进制文件和读取二进制文件两个函数。也可以通过设置文件位置函数设定新写入数据的位置，如写入多个数据，则读出时返回的是写入数据的数组，因此必须保证写入的多个数据格式完全一致。

"写入二进制文件"函数的接线端子如图 9.13 所示。"文件（使用对话框）"端子可以是引用句柄或绝对文件路径，如连接该路径至文件输入端，函数先打开或创建文件，然后将内容写入文件并替换任何先前文件的内容。如连线文件引用句柄至文件输入端，写入操作从当前文件位置开始；如需在现有文件后添加内容，可使用设置文件位置函数，将文件位置设置在文件结尾，默认状态将显示文件对话框并提示用户选择文件。写入的文件结构与数据类型无关，因而其数据输入端子输入的可以是任意数据类型；预置数组或字符串大小端子输入的是布尔类型的数据，默认为"True"，表示在引用句柄输出端子添加数据大小信息。字节顺序端子设置结果数据的"endian"形式，表明在内存中整数是否按照从最高有效字节到最低有效字节的形式表示，或者相反。函数必须按照数据写入的字节顺序读取数据，默认情况下最高有效字节占据最低的内存地址。

预置数组或字符串大小?(T)
提示(选择或输入文件路径)
文件(使用对话框)
数据
字节顺序(0:big-endian, netw...)
错误输入

引用句柄输出
取消
错误输出

图 9.13 "写入二进制文件"函数接线端子

文件以二进制方式存储后，用户必须知道输入数据的类型才能准确还原数据。因此，使用读取二进制文件函数打开之前必须在数据类型端口指定数据格式，以便将输出的数据转换为与原存储数据相同的格式，否则可能会出现输出数据与原数据格式不匹配或出错。"读取二进制文件"函数接线端子如图 9.14 所示。总数端子是要读取的数据元素的数量，数据元素可以是数据类型的字节或实例，如总数为-1，函数将读取整个文件，但当读取文件太大或总数小于-1 时，函数将返回错误信息。数据端子包含从指定数据类型的文件中读取的数据，依据读取的数据类型和总数设置，可由字符串、数组、数组簇或簇数组构成。

数据类型
对话框窗口(打开现有文件)
文件(使用对话框)
总数(1)
字节顺序(0:big-endian, netw...)
错误输入

引用句柄输出
数据
取消
错误输出

图 9.14 "读取二进制文件"函数接线端子

下面讲解将一个混合单频和噪声的波形存储为二进制文件的实例，以熟悉二进制文件函数的使用。写入二进制文件函数的输入数据端口主要有四个，分别为文件路径、二维数据、一维数据和添加至文件。四个数据端口的作用分别是指明存储文件的路径、存储的二维数组数据、存储的一维数组数据以及是否添加到文件。

步骤一：创建一个 VI，在程序框图中添加一个 For 循环，生成由正弦单频、噪声和直流偏移组成的波形。在循环体内添加混合单频与噪声波形函数（位于"编程"/"波形"/"模拟波形"/"波形生成"子面板中）：其中混合单频端子输入为一个簇构成的数组，簇中包含频率、幅值和相位三个数值型数据；采样信息为一个含有采样率和采样数两个数值型数据的簇；噪声和偏移量为数值型数据。

步骤二：创建文件。添加"打开/创建/替换文件"函数，其中文件路径端子采用文件对话框形式，操作端子选择"open or create"操作。

步骤三：写入二进制文本文件内容。添加写入二进制文件函数，其中 For 循环生成的数据通过数据端子写入文件中。

步骤四：关闭文件和通过波形图表显示混合单频与噪声波形等操作连线如图 9.15 所示，其中隐藏错误输出控件。

步骤五：读取二进制文件内容。添加读取二进制文件函数，数据类型端子设置为时间标识格式，文件为前面生成的二进制文件或选择其他文件，添加一个输出数据常量。

步骤六：运行程序，效果如图 9.16 所示。同时也可以查看相关路径下生成的二进制文件。

图 9.15　读/写二进制文件程序框图

图 9.16　读/写二进制文件效果图

9.5　波形文件

波形文件专门用于存储波形数据类型，它将数据以一定的格式存储在二进制文件或者电子表格文件中。波形文件操作函数位于函数面板的"编程"/"波形"/"波形文件 I/O"子面板中，它只有三个函数，分别为"写入波形至文件"函数、从"文件读取波形"函数和"导出波形至电子表格文件"函数。

"写入波形至文件"函数可以创建一个新文件或打开一个已存在的文件，其接线端子如图 9.17 所示。"文件路径"端子指定波形文件的位置，如未连线该输入端，LabVIEW 可显示非操作系统对话框。波形端子可以输入波形数据或一维、二维的波形数组，并且在记录波形数据的同时输入多个通道的波形数据。添加至文件端子为"True"时，则添加数据至现有文件，如为"False"（默认），VI 可替换已有文件中的数据，如不存在已有文件，VI 可创建新文件。

图 9.17 "写入波形至文件"函数接线端子

"从文件读取波形"函数用于读取波形记录文件，其中偏移量端子指定要从文件中读取的记录，第一个记录是 0，默认为 0。

"导出波形至电子表格文件"函数将一个波形转换为字符串形式，然后将字符串写入 Excel 等电子表格中去，其接线端子如图 9.18 所示。其中"分隔符"端子用于指定表格间的分隔符号，默认情况下为制表符。"多个时间列"端子用于规定各波形文件是否使用一个波形时间，如果要为每个波形都创建时间列，则需要在多个时间列端子输入"True"的布尔值。"添加至文件？"端子为"True"时，添加数据至现有文件。如"添加至文件？"端子的值为"False"（默认），VI 可替换已有文件中的数据。如不存在已有文件，VI 可创建新文件。"标题？（写标题：T）"端子的值为"True"（默认），VI 可打印行和列的标题（包含时间和日期信息，以及数据的标签）。如"标题？"的值为"False"，VI 不会打印列或行的标题。

图 9.18 "导出波形至电子表格文件"函数接线端子

下面通过实现创建双通道波形并将波形写入文件的过程，让读者熟悉波形文件函数的应用。

步骤一：创建一个 VI，并在程序框图中添加一个 While 循环。

步骤二：选择"编程"/"波形"/"模拟波形"/"波形生成"子面板中的正弦波形函数和锯齿波形函数添加在 While 循环中，选择"编程"下的"定时器"子面板中的"获取日期/时间"函数，再选择"编程"下的"波形"子面板中的"创建波形"函数为两个模拟波形建立不同的波形生成函数。

步骤三：选择"编程"/"波形"/"波形文件 I/O"/"写入波形至文件"函数，为其创建文件路径，并将添加至文件接线端子设置为"True"。添加一个创建数组函数，把 While 循环生成的两个波形数据并为一个二维数组，输入到写入波形文件函数的波形端子，如图 9.19 所示，则写入波形文件程序到此完成。

步骤四：选择"从文件读取波形"函数，多态 VI 选择器选择模拟，将文件路径设置为前面生成的二进制波形文件。

步骤五：选择"导出波形至电子表格文件"函数，将函数导入 Excel 文件中，设置多个时间列端子和标题端子为常量"True"。程序框图如图 9.19 所示。

图 9.19　读/写波形文件程序框图

步骤六：运行程序，查看导入的 Excel 表格，如图 9.20 所示。应注意的是，在程序运行过程中，不能直接按下"中止执行"按钮来结束程序运行，因为数据流将在 While 循环尚未传输到写入波形至文件函数中便中止，应该选择 While 循环的停止按钮来结束程序运行。

	A	B	C	D	E
1	waveform	[0]		[1]	
2	t0	34:19.5		34:20.5	
3	delta t	0.001		0.001	
4					
5	time[0]	Y[0]	time[1]	Y[1]	
6	34:19.5	2.30E-09	34:20.5	0.00E+00	
7	34:19.5	6.28E-02	34:20.5	2.00E-02	
8	34:19.5	1.25E-01	34:20.5	4.00E-02	
9	34:19.5	1.87E-01	34:20.5	6.00E-02	

图 9.20　"导出波形文件至电子表格"文件效果

9.6　数据记录文件

数据记录文件也是一种二进制文件，输入的数据格式也可以是任何数据类型。操作方法与二进制文件相同，但是增加了几个功能，通过这些功能可以设定或读取记录条数。

"数据记录文件"函数位于文件 I/O 子选板中的"高级文件函数"下的"数据记录"子选板中，如图 9.21 所示。这里主要介绍"打开/创建/替换数据记录文件"函数和设置数据记录位置函数，其他函数可参考帮助文档。

图 9.21　"数据记录"文件选板

数据记录文件与二进制文件函数的使用方法类似，也可以把各种数据类型以二进制的形式存储。它与二进制文件函数的使用不同之处在于数据记录文件中的"打开/创建/替换数据记录文件"函数在使用时必须在记录类型端子添加所要记录文件的数据类型。"打开/创建/替换数据记录文件"函数的接线端子如图 9.22 所示。

图 9.22　"打开/创建/替换数据记录文件"函数接线端子

"设置数据记录文件位置"函数用于在文件存储时指定数据存储位置，其中自端子和偏移量端子配合使用指定数据记录文件起始位置。自端子为"start"时，在文件起始设置数据记录位置偏移量，此时偏移量必须为正，偏移量指定函数记录的位置与自端子指定的位置间的记录数。默认情况下自端子为"current"，在文件起始位置设置数据记录位置偏移量。

下面就通过创建一个仿真波形并写入数据记录文件的例子，来熟悉数据记录文件函数的使用。

步骤一：在新建 VI 的程序框图中添加一个仿真信号以便输出正弦和均匀噪声。仿真信号函数在"编程"/"波形"/"模拟波形"/"波形生成"子选板下，在配置仿真信号对话框中，勾选"添加噪声"复选框，选择"均匀白噪声"选项即可。在前面板添加一个波形图表控件，正弦和均匀噪声端子直接连接波形图表输出。

步骤二：在程序框图中添加一个"文件对话框"函数。该函数位于"文件 I/O"下的"高级文件函数"子选板中，设置"默认名称"端子常量为"数据记录默认文件名.dat"，表示在保存文件的对话框中默认文件名，可以在保存文件时修改；设置"类型（所有文件）"端子常量为".dat"，表示在保存文件的对话框中会把当前目录的.dat 文件显示出来；设置"提示"端子为"保存仿真信号文件对话框"常量，表示在保存文件的对话框提示中显示内容。

步骤三：添加"打开/创建/替换数据记录文件"函数，指定操作类型为"open or create"，将仿真信号直接输入记录类型端子。

步骤四：添加"拒绝访问"函数。该函数位于"文件 I/O"下的"高级文件函数"子选板中，"设置限制模式"端子为"deny write-only"。限制模式指定要限制的读取或写入访问权限，它有三种选择：deny/read/write，表示禁止对文件进行读取和写入访问，为默认状态；deny write-only，表示允许对文件进行读取访问但禁止对文件进行写入访问；deny none，表示允许对文件进行读取和写入访问。

步骤五：添加"设置数据记录位置"函数，自端子选择为"current"，表示在当前文件记录处设置数据记录位置偏移量。

步骤六：添加"写入记录文件"函数，把仿真信号直接连接记录端子。

步骤七：添加"获取记录次数"和"获取数据记录位置"两个函数，读取文件中的相关数据，其连接方式如图 9.23 所示。

步骤八：运行程序，连线多运行几次，查看结果，如图 9.24 所示。

图 9.23   读/写数据记录文件程序框图

图 9.24   读/写数据记录文件效果图

9.7   测量文件

测量文件是一种职业 LabVIEW 才能给识别的文件格式，通过"写入测量文件"函数实现文件的输入，通过"读取测量文件"函数实现文件的输出。使用这种文件格式进行文件的输入输出的优势是使用方便，只需要对这两个函数的属性做一些简单的配置就可以很容易地实现文件的输入和输出。

测量文件函数位于"文件 I/O"子选板中，包括"写入测量文件"函数和"读取测量文件"函数两个。测量文件的输入是通过写入测量文件函数来实现的，从函数选板中选取"写入测量文件"函数放置在程序框图上，这时，将弹出该 VI 的"配置写入测量文件"对话框，如图 9.25 所示，用户在对话框中根据需要设置存储文件的一些选项。

在"配置写入测量文件"对话框中，用户可以设置存储文件的路径、文件头信息、存储目录下存在相同文件名的文件的处理机制、数据文件中数据之间的分隔符等信息。同时还可以在"配置写入测量文件"对话框中设置存储为单一文件还是一系列文件，单击"保存至一系列文件（多个文件）"单选按钮，单击"设置"按钮，将弹出"配置多文件设置"对话框，用户可以在该对话框中设置存储多个文件的文件名等选项。

图 9.25　"配置写入测量文件"对话框

利用"读取测量文件"函数实现读取测量文件非常简单，只需要对"配置读取测量文件"对话框做一些简单配置即可，从函数选板中选取"读取测量文件"函数并放置在程序图上，就会自动打开"配置读取测量文件"对话框，如图 9.26 所示。

图 9.26　"配置读取测量文件"对话框

下面通过编写一个程序，进行测量文件的读写操作，用来熟悉测量文件函数的有关应用。操作步骤如下：

步骤一：在新建 VI 的程序框图中添加一个仿真信号以便输出正弦和均匀噪声。仿真信号函数在"编程"/"波形"/"模拟波形"/"波形生成"子选板下，在配置仿真信号对话框中，勾选"添加噪声"复选框，选择"均匀白噪声"选项即可。

步骤二：从函数"文件 I/O"选板中选定写入测量文件函数放置程序框图，在弹出的"配置写入测量文件"对话框中配置"动作"为"保存至单个文件"，并选择"提示用户选择文件"复选框。并把信号端子与仿真信号的正弦与均匀噪声端子连线起来，这样写入测量文件的程序就到此结束，如图 9.27 所示。

图 9.27 "读/写测量文件"程序框图

步骤三：编写读取测量文件程序。从"文件 I/O"子选板中选择读取测量文件函数放置程序框图，在弹出的"配置读取测量文件"对话框中进行配置，配置"动作"为"提示用户选择文件"即可。

步骤四：单击"信号"端子，选择"创建"/"图形显示控件"。

步骤五：运行程序，查看结果，如图 9.28 所示。

图 9.28 "读取测量文件"效果图

9.8　配置文件

这里的配置文件就是标准的 Windows 配置文件，即 INI 文件。它也是一种文本文件，通常用于记录配置信息。配置文件的格式如下：

[Section 1]
Key1=value
Key2=value
….

[Section 2]
Key1=value
Key2=value
….

由上可知，配置文件由段（Section）和键（Key）两部分组成。用中括号将段括起来表示一个段的开始，同一个配置文件中的段名必须唯一。每一个段内部用键来表示数据项，形成"键值对"，同一个段内的键名必须唯一，不同段之间的键名可以重复。键值所允许的数据类型有布尔型、字符串型、路径型、浮点型和整型数据。

配置文件操作函数位于"文件 I/O"下的"配置文件 VI"子面板下，除了读写函数，还有一些操作函数，如图 9.29 所示。

图 9.29 "配置文件 VI"子面板

其中"写入键"函数和"读取键"函数的接线端子如图 9.30 所示。其中"段"端子是要写入或读取指定键的段的名称，"值"端子是要写入或读取的键的键值。

图 9.30 "写入键"函数和"读取键"函数的接线端子

下面通过一个实例来说明配置文件的写操作，创建一个如下的配置文件：
[文件信息]
文件路径 = "D：\xsc"
文件名称 = "配置文件.ini"
[版本信息]
版本号 = 1
更改情况 = FALSE

步骤一：创建一个新 VI，在程序框图中添加"打开配置数据"函数，其中可以设置"配置文件的路径"端子为绝对路径或相对路径，本实例为相对路径，创建的配置文件和当前 VI

就保存在同一个目录下。设置"必要时创建文件"端子为"True",这样在找不到该文件时,系统会自动创建一个同名称的文件。

步骤二:同时添加两个"写入键"函数,"段"端子设置配置文件中段的名称。第一个段的名称设为"文件信息",该段里包括文件路径和文件名称两个键名和相应的值。可以右击"键"端子,弹出如图 9.31 所示的快捷菜单,选择该键对应值的数据类型,默认为布尔型。

图 9.31 设置值类型的快捷菜单

步骤三:仿照步骤二的过程,添加"版本信息"段的相关内容和其他内容,如图 9.32 所示。

图 9.32 写入配置文件程序框图

步骤四:运行该程序,查看当前 VI 保存路径目录的文件,可以看到多了一个"配置文件 ini"的文件。打开文件,就可以看到写入的相关内容。

配置文件的读操作与写操作类似,但是读操作必须指定读出数据的类型,才能将前面创建的文件内容读出来。其程序框图如图 9.33 所示,具体步骤这里不再赘述。

图 9.33 读取配置文件程序框图

9.9 XML 文件

XML 一般指可扩展标记语言,是标准通用标记语言的子集,是一种用于标记电子文件使其具有结构性的标记语言。它是一种简单的数据存储语言，使用一系列简单的标记描述数据，而这些标记建立非常方便。虽然 XML 比二进制数据要占用更多的空间，但 XML 极其简单，易于掌握和使用。

XML 文件操作函数在"函数"面板的"编程"/"文件 I/O"/"XML"子面板下，里面包含"LabVIEW 模式"和"XML 解析器"两个子面板。XML 文件可以存储任意数据类型，在存储前必须先使用"平化至 XML"函数，把任意类型的数据转换为 XML 格式。在读取文件时，也要通过"读取 XML 文件"函数读取文件，然后使用"从 XML 还原"函数把 XML 文件中的数据还原为平化前的数据类型再进行读取。生成的 XML 文件可以用浏览器打开，从中可以看到 XML 文件包括 XML 序言部分、其他 XML 标记和字符数据。

为了能够简单地理解 XML 文件的读写操作，下面继续用一个实例来说明。该实例以三个学生的信息为数据，要求写入到 XML 中，并从文件中读出来。写入程序设计步骤如下：

步骤一：新建一个 VI。添加一个数组常量，在数组常量中添加簇常量，又在簇常量中添加两个字符串常量和一个数值常量，作为一个学生的姓名、班级和成绩的输入信息，如图 9.34 所示。

步骤二：添加一个"平化至 XML"函数，把数组常量接入"任何数据"端子。

步骤三：添加"写入 XML"函数，如图 9.34 所示，创建 XML 文件保存路径，并把平化后的 XML 信息输入"XML 输入"端子。

步骤四：运行程序，就可以在该路径下看到生成的 XML 文件，用浏览器或写字板打开就可以看到如图 9.35 所示的内容信息。

图 9.34 写入 XML 文件程序框图

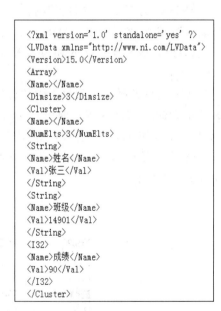

图 9.35 写入 XML 文件效果图

用户在使用"读取 XML"函数时要注意选择正确的多态 VI 选择器类型，还原平化数据时需要先在"从 XML 还原"函数的"类型"端子上设置还原的数据类型，一般要求写入的数据类型、还原的数据类型和显示的数据类型一致，否则会报错。读取 XML 文件的程序框图如图 9.36 所示，运行效果如图 9.37 所示。

图 9.36 读取 XML 文件程序框图

图 9.37 读取 XML 文件效果图

9.10 TDMS 文件

TDMS（Technical Data Management Streaming）文件是 NI 主推的一种用于存储测量数据的二进制文件。TDMS 文件可以被看作是一种高速数据流文件，它兼顾了高速、易存取和方便等多种优势，能够在 NI 的各种数据分析软件（如 LabVIEW、LabWindows CVI、Signal Express、NI DiAdem 等），以及 Excel 和 MATLAB 中之间进行无缝交互，也能够提供一系列 API 函数供其他应用程序调用。

TDMS 文件基于 NI 的 TDM 数据模型。该模型从逻辑上分为文件、通道组和通道三个层，每个层次上都可以附加特定的属性。设计时可以非常方便地使用这三个逻辑层次查询或修改测试数据。在 TDMS 文件内部，数据是通过一个个数据段来保存的，当数据块被写入文件时，实际上是在文件中添加了一个新的数据段。

LabVIEW 为 TDMS 文件操作提供了完整的函数集，这些函数又被分为标准 TDMS 函数和高级 TDMS 函数。标准 TDMS 函数用于常规 TDMS 文件操作，而高级 TDMS 函数则用来执行类似于 TDMS 异步读取和写入等高级操作，但是，错误地使用高级 VI 函数可能损坏".tdms"文件。

TDMS 文件的操作函数位于函数选板的"编程"/"文件 I/O"/"TDMS"面板下，如图 9.38 所示为标准 TDMS 函数面板，如图 9.39 所示为高级 TDMS 函数面板。多数情况下，在 LabVIEW 中操作 TDMS 文件时，使用标准 TDMS 函数就够了。本节也仅对标准 TDMS 函数作基本解释，高级 TDMS 函数希望大家通过帮助文档学习。标准 TDMS 文件操作函数的功能说明如表 9.2 所示。

图 9.38 标准 TDMS 函数面板

图 9.39 高级 TDMS 函数面板

表 9.2 标准 TDMS 文件操作函数功能说明表

函数名称	功能说明
TDMS 打开	打开用于读写操作的 ".tdms" 文件； 该 VI 也可用于创建新文件或替换现有文件； 通过该函数创建 ".tdms" 文件时，还可创建 ".tdms_index" 文件； 使用 TDMS 关闭函数可关闭文件的引用
TDMS 写入	使数据写入指定的 ".tdms" 文件； 组名称输入和通道名称输入的值可确定要写入的数据子集
TDMS 读取	读取指定的 ".tdms" 文件，并以数据型输入端指定的格式返回数据； 如数据包含缩放信息，VI 可自动换算数据； 总数和偏移量输入端用于读取指定的数据子集
TDMS 关闭	关闭用 TDMS 打开函数打开的 ".tdms" 文件
TDMS 列出内容	列出 TDMS 文件输入端指定的 ".tdms" 文件中包含的组名称和通道名称
TDMS 设置属性	设置指定 ".tdms" 文件、通道组或通道的属性； 如果连接组名称和通道名，函数可在通道中写入属性； 如果只连接组名称，函数可在通道组中写入属性； 如未连接组名称和通道名，属性由文件决定； 如只连接通道名，运行时发生错误
TDMS 获取属性	返回指定的 ".tdms" 文件、通道组或通道的属性； 连线至组名称或通道名输入端，该函数可返回组或通道的属性； 如果输入端不包含任何值，则函数返回指定 ".tdms" 文件的属性值
TDMS 刷新	写入所有 ".tdms" 数据文件的缓冲至 TDMS 文件输入指定的文件
TDMS 文件查看器	打开文件路径指定的 ".tdms" 文件，在 TDMS 文件查看器对话框中显示文件数据
TDMS 碎片整理	对文件路径输入端中指定的 ".tdms" 文件数据进行碎片整理； ".tdms" 数据较为杂乱或需提高性能时，可使用该函数对数据进行整理

为了更清楚地了解 TDMS 文件的具体操作，下面用一个具体实例来实现向 TDMS 文件中写入仿真信号。

步骤一：创建仿真信号。在程序框图中，添加一个仿真信号函数和一个滤波器函数，产生的仿真信号通过滤波器处理后，又与原始信号一起，通过合并信号函数进行合并处理，形成新的仿真信号。也可以直接用产生的仿真信号。

步骤二：创建 TDMS 文件。首先在程序框图中添加 TDMS 写入函数，设置"操作"端子为"open or create"，"禁用缓冲"端子设置为"False"，"文件格式版本"端子设置为 1.0，由创建路径函数设置文件的名称和保存路径。

步骤三：设置 TDMS 属性。TDMS 文件中属性值用变量类型表示，因此可以直接将属性值作为输入。若同时输入多个属性值，则需要将各种属性值类型都转换为变量类型，最好用"转换为变体"函数来完成这项任务，再构造为数组作为输入。本实例的属性名称和属性值都是通过数组直接赋值。

步骤四：TDMS 文件写入。前面第一步生成了数据，第三步设置了 TDMS 文件属性，文件写入就需要设置组名称和通道名称，然后把数据写入文件中。按照如图 9.40 所示连好相关线路。

当完成 TDMS 文件写操作后，LabVIEW 会自动生成两个文件："*.tdms"文件和"*.tdms_index"文件。前者为数据文件或主文件，后者为索引文件或头文件。两者最大的区别在于索引文件不含原始数据，只包含属性等信息，这样可以增加数据检索的速度，并且有利于搜索 TDMS 文件。

图 9.40　写入 TDMS 文件程序框图

在写操作完成之后，我们可以调用"TDMS 文件查看器"函数来浏览所有的属性值，如图 9.41 所示。在"TDMS 文件查看器"对话框中，用户不仅可以查看所有的属性值，还能有选择地查看数据。通过单击对话框中的"设置"按钮，还可以打开数据配置对话框来输入显示数据的条件。

图 9.41　TDMS 文件查看器

TDMS 文件支持的数据类型有以下几种：

（1）模拟波形或一维模拟波形数组。

（2）数字波形。

（3）数字表格。

（4）动态数据。

（5）一维或二维数组（数组元素可以是有符号或无符号的整型、浮点型、时间标识、布尔型，或不包含空字符的由数字和字符组成的字符串）。

TDMS 文件的读取过程比较简单。读取数据时，如果不指定组合通道名，则"TDMS 读取"函数会将所有组合通道的数据都读出来。下面通过代码读取前面写入文件，在实例中读取通道名为第一通道的第 50 个数据点开始的 100 个数据。

步骤一：打开 TDMS 文件。在程序框图中，添加"TDMS 打开"函数和"创建路径"函数，打开要读取的 TDMS 文件，设置操作端子为"open（read-only）"属性值。

步骤二：读取 TDMS 文件。在程序框图中，添加 TDMS 读取函数。设置偏移量端子为常量 50，设置总数端子为常量 100。设置组名称输入端子为字符串常量"一组"或其他组名，设置通道名输入端子为字符串数组常量"第一通道"或其他通道名。在前面板添加一个波形图控件作为数据端子的输出控件。设置数据类型端子，在程序框图中添加"转换至动态数据"函数，该函数位于"Express"/"信号操作"子面板下，并在"配置转换至动态数据"对话框中的输入数据类型列表框中选择"单一标量"，连接相关线路，如图 9.42 所示。

图 9.42　读取 TDMS 文件程序框图

步骤三：运行该程序，其效果如图 9.43 所示。

图 9.43 读取 TDMS 文件效果

读取 TDMS 文件中的属性值和写入属性值的方法非常类似。若组名和通道名输入为空，则表示此时读出的属性为文件属性；若仅通道名为空，则表示读出的属性为组属性；如组名和通道名输入都不为空，则表示读出的属性为通道属性。下面就来获取前面写入的 TDMS 文件的属性和属性值。

步骤一：打开 TDMS 文件。在程序框图中，添加 "TDMS 打开" 函数和 "创建路径" 函数，打开要读取的 TDMS 文件，设置操作端子为 "open（read-only）" 属性值。

步骤二：获取文件属性和属性值。在程序框图中添加 "TDMS 获取属性" 函数，直接创建一个字符串数组显示控件连接 "属性名称" 端子，创建一个变体数组显示控件连接 "属性值" 端子。

步骤三：获取通道属性名称和属性值。在步骤二的基础上，在组名称和通道名两个端子上连接需要获取属性的组名和通道名，连接线路如图 9.44 所示。

图 9.44 获取 TDMS 文件属性名称和属性值程序框图

步骤四：运行程序，效果如图 9.45 所示。

图 9.45 获取 TDMS 文件属性名称和属性值效果

思考与练习

1. 文本文件和二进制文件的主要区别是什么？

2. 请说出下面这几种文件是文本文件还是二进制文件：数据记录文件（Datalog Files），XML 文件，配置文件，波形文件，LVM 文件，TDMS 文件。

3. 设计一个程序，通过点击一个按钮后程序能够读取一个文本文件，将文本文件的内容显示在前面板上，其中文本文件的内容由你自己的学号，班级号码和专业名称组成，如"我的姓名是张三，学号为 150321130，班级号码为 1503211。"

4. 用 Simulate Signal Express VI 仿真产生一个采样 10^5 点的正弦仿真信号，并将其写入 TDMS 文件，要求同时为该通道设置频率和采样间隔两个描述属性。

10　人机界面设计

人机界面是人与机器进行交互的界面。虽然程序的内部逻辑是程序运行的关键所在，但是人机界面的美观性和人性化更是不可忽视的重点。人性化的人机界面可以让用户乐于使用，减少用户的操作时间，甚至在某些情况下能避免故障的发生。因此，一个好的程序应该花足够多的时间和精力用在人机界面的设计上。

10.1　下拉列表控件和枚举控件

下拉列表控件（Ring）和枚举控件（Enum）是最常用的人机界面设计控件，一般用来从多个选项中选择其中一个，例如出生日期的选择，居住城市的选择等。这两个控件在每种风格样式面板都有，位于各种风格面板的"下拉列表与枚举"面板中。这里以新式风格为例说明，如图 10.1 所示。

图 10.1　下拉列表与枚举控件面板

一般情况下，控件的赋值可以通过两种方式：一是在前面板设计控件时，直接为控件赋值，设计比较固定的界面时使用；二是通过代码运行，动态产生控件的项目内容，一般动态生成界面时使用。

现在通过具体的案例操作来实现控件赋值功能。直接通过前面板为下列列表控件和枚举控件赋值的步骤如下：

步骤一：打开 LabVIEW 2016 工具，新建一个 VI，在前面板添加一个下拉列表控件或枚举控件，如图 10.2 所示。

图 10.2　下拉列表与枚举控件

步骤二：用鼠标右击控件，弹出菜单，选择"编辑项"，弹出如图 10.3 所示的编辑属性的对话框，选择"插入"按键，依次向里面添加信息。我们会发现这里的信息都是以"项值对"的形式存在，在下拉列表属性中项的内容可以重复，而枚举属性中项的内容不能重复。编辑完以后运行程序，就可以在控件中看到编辑的项内容了。如果用系统风格的这两种控件，效果会更好。

图 10.3   下拉列表属性编辑框

接下来我们进一步通过程序设计为下拉列表控件设置项内容，虽然步骤要复杂一些，但在项目开发中却很适用。注意这种方法不能为枚举控件设置项内容。

步骤一：首先在前面板创建一个下拉列表控件。

步骤二：打开程序框图，右击控件图标，选择"创建"/"属性节点"/"字符串与值[]"选项，创建一个下拉列表控件的"字符串与值[]"属性节点，并转换为写入模式。

步骤三：创建一个数组常量，向数组常量中添加一个簇常量，然后再向簇常量中添加一个字符串常量作为控件显示项内容，添加一个数值常量作为控件值内容，数值常量不得重复。依次向数组其他元素中添加类似信息，如图 10.4 所示。运行程序，会发现下拉列表控件内容设置完成。

图 10.4   通过属性节点设置下拉列表控件选项

下面讨论怎样获取下拉列表控件和枚举控件当前选定项目的项内容和值内容，当然这些功能的实现必须通过相关属性节点来完成。使用这两种控件时，用户都是一次只能选择其中一个项目，控件输出值都是数字，这个数字就是该选项的值内容，可以通过数值显示控件直接读取出来。获取控件项内容可以右击控件，选择"创建"/"属性节点"/"下拉列表文本"/"文本"属性节点，转换为读取模式，通过字符串输出控件就可以获取项内容。如果要获取控件的总项数，可以右击控件，选择"创建"/"属性节点"/"项数"属性节点，转换为读取模式，也可以通过数值显示控件直接读取出来。还有其他属性节点这里就不一一赘述，基本程序如图 10.5 所示。运行程序，就能实现所需要的功能。

图 10.5　获取枚举控件相关内容

10.2　列表框控件

相对于下拉列表控件和枚举控件而言，列表框控件可以使用户选择一个或多个选项，也可以没有选项（选择多个选项时，用户需要按住"Ctrl"键或者"Shift"键，根据计算机而定），列表框有单列列表框和多列列表框之分，一般使用较多的是单列列表框。它们在控件各风格面板的"列表、表格和树"面板下，如图 10.6 所示。

图 10.6　列表框控件面板

10.2.1　单列列表框

通常情况下，列表框就是指单列列表框。列表框里面的内容可以直接在前面板的编辑状态下编辑，这里就不详细介绍了。在编辑过程中，如果需要添加项符号，其添加方式有两种，右击列表框，一是选择"显示项"下的"符号"，二是选择"属性"下的"外观"对话框，勾选"显示符号"复选框。如果还想显示列表框里面的水平线，就勾选"显示水平线"复选框即可，如图 10.7 所示，点击"确定"按钮。然后在需要设置项符号的选项上右击，选择"项符号"，弹出如图 10.8 所示用户选择界面，默认为空。用户可以根据需要选择图标，也可以使用自定义图标，这在后面讲解。

图 10.7 项符号设置选项

图 10.8 项符号选择界面

下面介绍如何通过程序设计来实现列表框内容的编辑。

步骤一：首先在前面板创建一个列表框控件。

步骤二：设定"SymsVis"属性为真，这样在列表框中就可以看到项符号了。具体方法为右击列表框控件，选择"创建"/"属性节点"/"显示项"/"显示符号"属性节点，然后设置布尔常量为真就可以了。

步骤三：设定列表框的选择模式。右击列表框控件，选择"创建"/"属性节点"/"选择模式"属性节点。设置选择模式为2。在 LabVIEW 中用户可选定的项的选择模式有效值包括 0（0 或 1 项）、1（1 项）、2（0 或多项）、3（1 或多项）四种。

步骤四：设定列表框的项符号。首先右击列表框控件，选择"创建"/"属性节点"/"项符号"属性节点；接着创建一个数组常量，选择"编程"/"对话框与用户界面"/"列表框符号"控件添加到数组常量中，用鼠标左击每个列表框符号，弹出项符号选择界面，根据需要设置相应的符号即可。

步骤五：设定列表框的项名。首先用鼠标右击列表框控件，选择"创建"/"属性节点"/"项名"属性节点。接着创建一个数组常量，往数组常量添加字符串常量，输入相应的字符串信息即可。

步骤六：运行程序，就可以看到相应的列表框内容了。整个程序框图和操作效果如图 10.9 所示。

图 10.9 通过编程编辑列表框内容

列表框的直接输出为当前选中选项索引的整数数组，但在实际项目开发中，需要获取当前选中选项的字符串名称，这就需要我们通过循环结构来获取相应内容。下面介绍如何通过程序获取列表框中用户所选择的选项内容。

步骤一：直接读取列表框的局部变量，就可以显示用户所选择的选项的值内容，为一个整型数组。

步骤二：运用一个 For 循环，循环次数由列表框用户所选择的选项个数决定。在循环体中创建一个列表框的列名属性节点，通过索引数组函数，以用户选择的选项值内容作为索引，获取出列表框中被选择选项的字符串项内容，循环结束，输出一个新的字符串数组。最后把输出的字符串数组通过一个 For 循环遍历，通过连接字符串函数构成一个新的字符串信息输出，如图 10.10 所示。

图 10.10   获取列表框选中项目名称程序框图

步骤三：运行程序，可以看到我们所选择的信息以字符串的形式输出到字符串输出控件中，如图 10.11 所示。

图 10.11   获取列表框选中项目名称效果图

10.2.2   多列列表框

多列列表框在项目开发中的应用也比较广泛，一般用于显示数据库里面查询出来的数据信息，它的内容既可以在前面板直接编辑，也可以通过程序运行动态生成，其操作过程与单列列表框基本相同。这里就其中动态生成项名和项符号的内容加以叙述。

步骤一：在前面板创建多列列表框，设定显示的相关属性。首先在程序框图中，右击多列列表框控件图标，选择""创建"/"属性节点"/"项名"属性节点，设置为写入模式。接着创建一个字符串二维数组常量，编辑相应的信息到数组中，把数组写入到属性节点就可以了。如图 10.12 所示。

步骤二：设定多列列表框的项符号。右击多列列表框控件图标，选择"创建"/"属性节点"/"项符号"属性节点，设置为写入模式。接着创建一个整型一维数组常量，在数值常量中输入项符号的下标数字即可。这个项符号数组由前面单列列表框设置项符号的四十来种项符号组成，如图 10.12 所示。

图 10.12　编辑多列列表框项目和项符号

步骤三：运行程序，可以看到相关信息写到多列列表框中，如图 10.13 所示。

姓名	所在单位	专业	职称
✓ 向守超	电子信息学院	物联网工程	副教授
⊘ 张国军	自动化学院	电气自动化	教授
◆ 张兵	软件技术学院	软件技术	讲师

图 10.13　多列列表框运行效果图

前面已经说过，在设置列表框的项符号时，除了使用系统提供的四十来种符号外，还可以使用自己定义的图标作为符号。下面就对怎么具体实现自定义图标为项符号进行详细讲解。

步骤一：调用自定义符号节点。用鼠标右击列表框控件图标，选择"创建"/"调用节点"/"自定义项符号"/"设置为自定义符号"属性节点，如图 10.14 所示。

图 10.14　设置自定义符号节点图

步骤二：设置索引和图像。自定义符号节点有两个属性：索引和图像。索引号与前面多列列表框选择的项符号数组下标一样，由于系统已经有四十多个项符号，这里的索引号可以稍微设置大一点；图像就是需要设置为项符号的图标。设置图像首先选择"编程"/"图形与声音"/"图形格式"/"读取 PNG 文件"函数，这里的"读取 PNG 文件"函数根据图片的后缀名具体确定。在"PNG 文件路径"端子创建一个常量，然后把需要设定的图标拖到这个常量中即可，如图 10.15 所示。

步骤三：运行程序，可以看到自定义的图标显示在列表框上了。

图 10.15　设置自定义项符号

10.3　表格与树形控件

表格和树形控件在控件面板的"列表、表格和树"面板下，与前面的列表框在同一个面板中，这里就不再赘述。

10.3.1　表　格

表格实际上就是一个字符串组成的二维数组，在前面板添加了表格控件后，直接右击该控件就可以编辑它的各种属性。一种方式是右击控件，在"显示项"菜单里面设置各种属性；另一种方式是选择　"属性"下的"外观"对话框，设置相应的可选项，与列表框相同。表格的编辑也非常简单，用鼠标单击对应的空格就能直接编辑内容了。右击该控件，选择"数据操作"菜单，就可以对表格进行插入或删除行列操作了，如图 10.16 所示。表格数组的大小由输入内容所占范围决定。

图 10.16　表格控件插入或删除行列操作

此外，在紧靠树形控件旁边还有一个"Express 表格"。放置该控件在前面板时，在 LabVIEW 程序框图中将自动生成相应的程序代码，用来将数据快捷转换为表格。下面通过生成一个 5×5 的 100 以内随机整数并放入 Express 表格的实例来简单熟悉该控件的应用。

步骤一：在创建的 VI 前面板中添加"Express 表格"控件。

步骤二：打开程序框图，编写一个双重 For 循环结构，循环总次数均设为 5，循环体中添加一个生成 100 以内随机整数程序代码。

步骤三：连接创建表格的信号端子，代码会自动添加一个"转换至动态数据"函数，程序编写完成，如图 10.17 所示。

图 10.17　Express 表格使用程序框图

步骤四：运行该程序，就会看到在表格中添加了 5×5 的 25 个 100 以内整数，如图 10.18 所示。

表格				
17.000000	16.000000	96.0000	53.0000	83.0000
24.000000	80.000000	63.0000	20.0000	20.0000
75.000000	51.000000	24.0000	66.0000	43.0000
85.000000	11.000000	62.0000	84.0000	69.0000
77.000000	17.000000	70.0000	18.0000	36.0000

图 10.18　Express 表格使用效果图

10.3.2　树形控件

树形控件以树的形式显示多层内容，Windows 的资源管理器就是用树形控件来显示文件目录的。默认放置该控件在前面板上时，该控件有多列输入，一般来说只有第一列有用，后面的列只是起到文字说明作用，如图 10.19 所示。

图 10.19　前面板编辑树形控件实例

在前面板编辑树形控件，直接在需要输入内容的地方单击鼠标就可以输入数据了，更多的操作只需要右击该控件，选择相应的快捷菜单就能实现。其中右击控件快捷菜单中的"选择模式"表示树形控件的选择模式，使用方法与前面的列表框一样，这里就不再赘述。

下面通过一个具体例子来演示树形控件前面板操作过程。

步骤一：打开 LabVIEW 软件工具，创建一个 VI，在前面板添加一个树形控件。

步骤二：右击该控件，通过"显示项"菜单或"属性"菜单设置相关属性，如水平线显示，垂直线显示，滚动条显示等。

步骤三：用鼠标点击树形控件编辑内容位置，从上到下依次把内容全部添加进去。

步骤四：设定项符号。用鼠标右键单击需要显示项符号的项内容，在弹出的快捷菜单中选择"项符号"菜单，然后在系统提供的符号库中选择需要的项符号。

步骤五：编辑缩进层次。右击需要缩进的项内容，在快捷菜单中选择"缩进项"即可。

步骤六：获取选定内容。在前面板添加一个字符串输出控件，打开程序框图，把树形控件图标和字符串控件图标连接即可。

步骤七：运行程序，就可以看到编辑成功的树形控件和获取的选定内容了。

接下来介绍如何通过编程来设置树形控件的选项。树形控件的编辑必须通过属性节点和方法节点才能实现。

步骤一：在程序框图中创建一个树形控件图标，右击该图标，首先选择"创建"/"调用节点"/"编辑树形控件项"/"删除项"方法，将树形控件全部清空，接着通过"添加项"方法来添加项目内容，如图 10.20 所示。其中，添加项方法的各参数含义如表 10.1 所示。

图 10.20　树形控件添加项选项位置图

表 10.1　树形控件添加项方法各参数含义表

名　　称	含　　义
Parent Tag	新添加的项目将作为 Parent Tag 的下一级项目。默认为空字符串，此时将新项目添加到第一级
Child Position	设置新添加的项目相对于 Parent Tag 的位置。默认为 0，此时将该项目直接添加到 Parent Tag 的下面；若为 1，则添加到该 Parent Tag 的第一个 Child Item 下面；若为 2，则添加到第二个 Child Item 下面；以此类推，若为→1，则添加到最后一个 Child Item 下面
Left Cell String	该项目的名称
Child Text	在该项目右边其他列中显示的说明性文字内容
Child Tag	该项目的 Tag，默认情况下与 Left Cell String 相同
Child Only	如果为真，该项目下将不能再有 Child Item
Output	该项目的 Tag

步骤二：添加内容。在添加项方法中，依次按层次添加不同的数据信息，如图 10.21 所示。

步骤三：设置项符号。首先通过树形控件图标创建一个 "All Tags" 属性节点，方法为选择 "创建" / "属性节点" / "所有标识符[]"；其次创建一个数组常量，添加列表框符号到数组中，并根据层次结构选择相应的项符号到数组中；最后创建一个 For 循环结构，在结构体中添加三个树形控件的属性节点，分别是 ActiveItemTag、Symbol 和 SymsVis，即 "活动项" 里面的 "标识符"，"符号索引" 与 "显示项" 里面的 "显示符号"，如图 10.21 所示。

图 10.21　编辑树形控件程序框图

步骤四：运行程序，看到编辑的树形控件效果如图 10.22 所示。

图 10.22　编辑的树形控件运行效果

从前面编辑树形控件的程序可以看出，如果一个一个地添加项目内容会使程序非常烦琐，不利于程序维护和检查。下面通过 For 循环来自动添加项目，这样只需给定项目数组就会自动生成包含所有项目内容的树形控件，但要求每一个项目必须有完整路径，路径层次用"\"符号作为分隔符。下面是一个例子，这里不详细赘述，希望大家通过程序框图能完成编程。程序框图如图 10.23 所示，运行效果如图 10.24 所示。

图 10.23　For 循环生成树形控件内容程序图

图 10.24　For 循环生成树形控件内容效果图

10.4　VI 属性设置

程序编译完成后用户可以通过 VI 属性窗口来设置和查看 VI 的属性或者对属性进行自定义。在前面板或程序框图上选择"文件"下的"VI 属性"，或通过快捷键"Ctrl + I"来打开 VI 属性窗口，如图 10.25 所示。在 VI 属性窗口中有 11 种属性类别可以选择，其中默认为"常规"。下面分别对这 11 种属性类别的使用进行简要说明。

图 10.25　VI 属性窗口

1. 常　规

第一个选项为"常规"属性页。主要包括以下内容：

（1）编辑图标按钮：单击后显示的是图标编辑器对话框，在编辑器中可以对图标进行修改，完成后单击"确定"按钮修改效果生效。

（2）当前修订版：显示 VI 的修订号。

（3）位置：显示 VI 的保存路径。

（4）列出未保存的改动：单击弹出解释改动对话框，上面列出了 VI 每个未保存的改动和这些改动的详细信息。详细信息包括改动的内容，改动对程序结构和程序执行带来的影响。

（5）修订历史：单击弹出对话框，显示当前程序的所有注释和历史。

2. 内存使用

第二个选项为"内存使用"属性页。该页用于显示 VI 使用的磁盘和系统内存，编辑和运行 VI 时，内存的使用情况各不相同。内存数据仅显示了 VI 使用的内存，而不反映子 VI 使用的内存。每个 VI 占用的内存根据程序的大小和复杂程度有所不同。值得注意的是，程序框图通常占用大多数内存，因此在不编辑程序框图时，应尽量关闭程序框图，为其他 VI 释放空间。保存并关闭子 VI 前面板同样可释放内存。

3. 说明信息

第三个选项为"说明信息"属性页。该页用于创建 VI 说明，以及将 VI 链接到 HTML 文件或已编译的帮助文件。说明信息属性页包括以下内容：

（1）VI 说明：在 VI 说明窗口输入 VI 的描述信息，完成后当鼠标移至 VI 图标后描述信息会显示在即时帮助窗口中。

（2）帮助标识符：包括可链接至已编译帮助文件（.cnm 或.hlp）、HTML 文件名或索引关键字。

（3）帮助路径：包含从即时帮助窗口链接到 HTML 文件或已编译帮助文件的路径或符号路径。如该栏为空，即时帮助窗口中将不会有蓝色的详细帮助信息链接，同时详细帮助信息按钮也会显示为灰色。

（4）浏览：打开选择帮助文件对话框，从中选择相应的帮助文件。

在 VI 中无法编辑子 VI 的帮助说明信息，如果要为子 VI 添加描述信息，可以打开子 VI，编辑子 VI 的说明信息属性页。

4. 修订历史

第四个选项为"修订历史"属性页。该页用于设置当前 VI 的修订历史选项，该页包含以下两个内容：

（1）使用选项对话框中的默认历史设置。用户可以使用系统默认的设置查看当前 VI 修订历史，如需自定义历史设置，可取消此选项框，选择其他选项框。一是每次保存 VI 时添加注释，这样改动 VI 后保存该 VI，在历史窗口将自动产生一条注释；二是关闭 VI 时提示输入注释，如 VI 打开后已被修改，即使已保存这些改动，LabVIEW 也将提示在历史窗口中添加注释，如没修改 VI，LabVIEW 将不会提示在历史窗口中添加注释；三是保存 VI 时提示输入注释，如在最近一次保存后对 VI 进行了任何改动，LabVIEW 也将提示在历史窗口中添加注释，如没修改 VI，LabVIEW 将不会提示在历史窗口中添加注释；四是记录由 LabVIEW 生成的注释，如果在保存前此 VI 已被编辑修改过，则保存 VI 时在历史窗口中会自动生成注释信息。

（2）查看当前修订历史。显示与该 VI 同时保存的注释历史。

5. 编辑器选项

第五个选项为"编辑器选项"属性页。该页用于设置当前 VI 对齐网格的大小和创建控件时控件的默认风格。对齐网格大小指当前 VI 的对齐网格单位的大小（像素），包括前面板网格大小和程序框图网格大小。创建输入控件/显示控件的控件样式提供了新式、经典、系统和银色四种风格供用户选择。

6. 保　护

第六个选项为"保护"属性页。该页用于设置受密码保护的 VI 选项，通常在完成一个项目以后，程序人员需要对 VI 的使用权限进行保护设置，以避免程序被恶意修改或源代码泄密情况发生。LabVIEW 在保护属性页中提供了三种不同的保护级别供用户选择使用。

（1）未锁定（无密码）：允许任何用户查看并编辑 VI 的前面板和程序框图。

（2）已锁定（无密码）：锁定 VI，用户必须在该页通过保护属性页对话框解锁后才能编辑前面板和程序框图。

（3）密码保护：设置 VI 保护密码，选中后弹出输入密码对话框提示输入新密码，以对 VI 进行保护，如图 10.26 所示，设定后保存并关闭 LabVIEW。当再次打开刚才保存的 VI 时，则用户只能运行此 VI，无法编辑和查看程序框图，只有用户通过了"认证"对话框，才可以对此 VI 进行编辑。

图 10.26　密码保护对话框

7. 窗口外观

第七个选项为"窗口外观"属性页。这是最常用到的一个属性栏，如图 10.27 所示。该页用于对 VI 自定义窗口外观，通过设置可以隐藏它的前面板菜单栏和工具栏，改变窗口的动作、外观及用户与其他 LabVIEW 窗口的交互方式。窗口外观属性页的设置只在程序进行时生效。

图 10.27　窗口外观属性页

窗口外观属性界面的窗口标题显示程序运行时窗口的标题，可以与 VI 相同，也可以自定义。其窗口样式包括三种 LabVIEW 中设计好的窗口样式和一种自定义的窗口样式。

（1）顶层应用程序窗口：只显示程序窗口的标题栏和菜单栏，不显示滚动条和工具栏，不能调整窗口大小，只能关闭和最小化窗口，没有连续运行按钮和停止按钮。

（2）对话框：与顶层应用程序窗口样式相比，对话框样式没有菜单栏，只允许关闭窗口，不能对其最小化，运行时用户不能打开和访问其他的 VI 窗口。

（3）默认：显示 LabVIEW 默认的窗口样式，此样式与编辑调试 VI 时的窗口样式相同。

（4）自定义：显示用户自定义的窗口样式，选中"自定义"选项并单击下方的"自定义"按钮，系统会弹出"自定义窗口外观"对话框，如图 10.28 所示。

图 10.28　"自定义窗口外观"对话框

通过勾选窗口具体动作选项可以自定义符合用户需求的窗口风格。其中可供选择的窗口动作选项有默认、浮动和模态三种动作。浮动选项可以使前面板在其他非浮动的程序窗口前面显示，模态选项可以使前面板在所有程序窗口前显示。在自定义窗口外观对话框中还有一个运行时透明显示窗口选项，用户可以通过对它的设置改变窗口运行时的透明度。透明度范围在 0 ~ 100%可任意改变，透明度最低为 0，最高为 100%，当透明度最高时窗口完全透明看不见。

8. 窗口大小

第八个选项为"窗口大小"属性页，用于对 VI 自定义窗口的大小。窗口大小属性页包括以下几部分内容：

（1）前面板最小尺寸：设置前面板的最小尺寸，窗口的长和宽均不能小于 1 像素，若窗口设置得过小，滚动条超过了内容区域的最小尺寸的界限，则 LabVIEW 将隐藏滚动条；若增大窗口，则滚动条又会出现；若允许用户在窗口外观页调整窗口尺寸，用户不能将前面板调整为比该页面上设置的长宽值更小。

（2）使用不同分辨率显示器时保持窗口比例：在显示器分辨率不同的计算机上打开 VI，VI 能自动调整窗口比例，使占用的屏幕空间基本一致。使用该选项的同时，也可缩放一个或多个前面板对象作为调整。

（3）调整窗口大小时缩放前面板上的所有对象：选中该选项后，前面板所有对象的大小随窗口尺寸的变化自动调整，但文本和字符串除外。因为字体的大小是不变的，程序框图的对象不会随窗口的大小变化而变化。允许用户调整前面板窗口对象大小时，也可以用该选项。

9. 窗口运行时位置

第九个选项为"窗口运行时位置"属性页。该页用于自定义运行时前面板窗口的位置和大小，如图 10.29 所示。该属性页包括以下内容：

（1）位置：设置前面板运行时所在的位置，有不改变、居中、最大化、最小化和自定义五种类型可供用户选择。

（2）显示器：有时一台机器控制多台显示器，通过设置显示器对话框可以指定前面板在哪台显示器上显示。该选项仅当"位置"设为最大化、最小化或居中时才有效。

（3）窗口位置：设置前面板窗口在全局屏幕坐标中的位置，全局屏幕坐标指计算机显示屏幕的坐标，而非某个打开的窗口坐标。上设置栏表示程序窗口上边框在计算机屏幕上的位置，左设置栏表示程序窗口左边框在计算机屏幕上的位置。

（4）前面板大小：设置前面板的大小，不包括滚动条、标题栏、菜单栏和工具栏。宽度表示程序窗口的宽度像素，高度表示程序窗口的高度像素。前面板的大小必须大于或等于窗口大小属性页中设置的前面板最小尺寸。

图 10.29 "窗口运行时位置"对话框

10. 执　行

第十个选项为"执行"属性页。该页用在 LabVIEW 中设置 VI 的优先级别和为多系统结构的 VI 选择首选执行系统，如图 10.30 所示。该属性页包括以下内容：

（1）优先级：VI 优先级设定 VI 在执行系统中的优先顺序，它与线程优先级无关。在下拉列表中有六种优先级可供选择，在程序设计时可以把重要的 VI 的优先级设置得高一些，但通常情况下只有特殊的 VI 才使用非标准优先级。

（2）允许调试：勾选该选项以允许对 VI 进行设置断点、启用高亮显示等调试。

（3）重入执行：若一个 VI 要被两个或多个程序同时调用，则需要把 VI 设置为重入执行模式。重入执行中有两种副本使用形式，使用共享副本的方式可以减少内存使用。

（4）首选执行系统：LabVIEW 支持程序的系统同时运行，在一个执行系统中运行的 VI 能够在另一个执行系统的 VI 处于运行中途时开始运行。LabVIEW 包括的六个子系统分别是用户界面子系统、标准子系统、仪器 I/O 子系统、数据采集子系统、其他 1 子系统和其他 2 子系统。大多数情况下用户不需要根据 VI 功能硬性分配子系统。

（5）启用自动错误处理：勾选后若程序运行错误会停止运行并弹出错误列表。

（6）打开时运行：当设置后，打开 VI 时程序将自动运行，不需按运行按钮。

（7）调用时挂起：当主程序调用子程序 VI 时，被设置为调用时挂起的子 VI 在被调用时会弹出前面板以等待用户进行下一步操作。

（8）调用时清除显示控件：清除本 VI 及下属子 VI 在每次程序运行时的显示控件内容。

（9）运行时自动处理菜单：在程序运行时自动操作菜单，也可使用"获取所选菜单项"函数进行菜单选择。

图 10.30　"执行"对话框

11. 打印选项

最后一个选项为"打印选项"属性页。该页用于对打印的页面属性进行设置，打印选项属性也包括以下内容：

（1）打印页眉：包括日期、页码和 VI 名称。

（2）使用边框包围前面板：打印的效果是在前面板周围加上边框。

（3）缩放要打印的前面板以匹配页面：依据打印纸张的大小自动调整前面板的大小。

（4）缩放要打印的程序框图以匹配页面：依据打印纸张的大小自动调整程序框图的大小。

（5）使用自定义页边距：自定义前面板打印的页边距，其设置的单位为英寸或厘米，可根据习惯选择。

（6）每次 VI 执行结束时自动打印前面板：程序运行结束后自动打印前面板。

10.5 对话框

在程序设计中，对话框是人机交互界面的一个重要控件。LabVIEW 有两种方法可以设计对话框：一种是直接使用 LabVIEW 函数面板中提供的几种简单对话框，另一种是通过子 VI 实现用户自定义功能较为复杂的对话框。

10.5.1 普通对话框

对话框 VI 函数在函数面板的"编程"/"对话框与用户界面"面板下。按类型分为两类对话框：一种是"信息显示"对话框，另一种是"提示用户输入"对话框。

其中，"信息显示"对话框有四种：

（1）单按钮对话框：它有三个连接端子，其中"按钮名称"是对话框按钮的名称，默认值为"确定"；"消息"是对话框中显示的文本，消息文本越长，显示的对话框会相应变大，函数会根据对话框的大小自动为消息文本换行；"真"是单击按钮返回"True"。

（2）双按钮对话框：与单按钮对话框比较多一个"F 按钮名称连接"端子，默认值为"取消"，如单击"F 按钮名称"对话框，可返回"False"。

（3）三按钮对话框：如图 10.31 所示。其中较前面两个对话框多了一个窗口标题端子，该端子输入的字符串信息显示为对话框标题，如图 10.32 所示。如果连线空字符串至按钮文本输入，则该 VI 可隐藏该按钮，可使三按钮对话框转换为单按钮或双按钮对话框；如连线空字符串至对话框的每个按钮，则该 VI 可显示默认的确认按钮。

图 10.31 三按钮对话框

图 10.32 三按钮对话框示例

（4）显示对话框信息：创建含有警告或用户消息的标准对话框，可以配置对话框内容和按钮个数，其配置界面和运行效果如图 10.33 所示。

图 10.33 显示对话框信息示例

"提示用户输入"对话框可以输入简单的字符串、数字和布尔值，其配置界面和运行效果如图 10.34 所示。

图 10.34 "提示用户输入"对话框示例

10.5.2 自定义对话框

除了前面提到的 LabVIEW 系统提供的四种简单对话框以外，用户还能通过子 VI 的方式实现用户自定义对话框。默认情况下调用子 VI 时不弹出子 VI 的运行界面，如果在调用子 VI 的程序框图中右击子 VI 图标，选择"子 VI 节点设置"选项，会弹出如图 10.35 所示的对话框来设置子 VI 的调用方式。选择"调用时显示前面板"即表示调用子 VI 时会弹出子 VI 的前面板，在编辑子 VI 时需要对子 VI 前面板进行相应设置。例如，将 VI 属性窗口外观设置为对话框形式或者设置不显示菜单栏、工具栏、滚动条、总之最前面等，就可以作为系统载入对话框，运行程序如图 10.36 所示。

图 10.35 "子 VI 节点设置"图

图 10.36 自定义对话框运行效果

10.6 菜 单

对一个良好的人机界面而言，菜单项是必不可少的组成部分，在 Windows 程序中菜单可以说是无处不在。它的好处是将所有的操作隐藏起来，只有需要用到的时候才被激活，因此相对于把所有的操作都作为按钮放在面板上，它节省了大量控件。菜单有两种，一种是运行主菜单，另一种是右键快捷菜单。LabVIEW 提供了两种创造菜单的方法：一种是在菜单编辑器中完成设计，另一种是使用菜单函数选板进行菜单设计。

10.6.1 菜单函数

通过 LabVIEW 中的菜单函数选板可以对自定义的前面板菜单赋予指定操作，实现前面板菜单的功能。同时，用户使用菜单选板上的节点功能也能对前面板菜单进行定义，实现自定义菜单的设计。菜单函数选板位于函数面板下的"对话框与用户界面"/"菜单"面板下。常用的菜单函数如图 10.37 所示。

图 10.37 菜单函数选板

（1）当前 VI 菜单栏。

"当前 VI 菜单栏"的接线端子返回当前 VI 的菜单引用句柄，用于连接其他菜单操作节点。LabVIEW 中使用菜单引用作为某个对象的唯一标识符，它是指向某一对象的临时指针，因此仅在对象被打开时生效，一旦对象被关闭，LabVIEW 就会自动断开连接。

（2）获取所选菜单项。

"获取所选菜单项"函数的接线端子如图 10.38 所示。它通常用于设置等待时间，并获取菜单项标识用于对菜单功能进行编辑。其中"菜单引用"端子连接当前 VI 菜单栏或其他菜单函数节点的菜单引用输出端子，用于传递同一个菜单的操作函数；"菜单引用输出"端子连接的是下一函数的菜单引用输入；"项标识符"为字符串类型，通常连接条件结构的分支选择器端子，处理被选中菜单项的动作；"项路径"描述了所选菜单项在菜单中的层次位置，形式为用冒号（：）分隔的菜单标识符列表。例如，如选择文件菜单中的打开菜单项，项的路径为"File：Open"。

图 10.38 获取所选菜单项接线端子

（3）插入菜单项。

"插入菜单项"通常用于在指定菜单或子菜单中插入新的菜单项。菜单项标识符输入的是插入位置的上一级菜单名称字符串，如果不指定菜单标识符，则插入菜单项为顶层菜单项。项名称确定要插入菜单的项，是在菜单上显示的字符串，可连线项名称或项标识符，名称和标识符必须相同，如只需插入项，可连线字符串至项名称。"项之后"端子可以直接输入要插入菜单项的项标识符字符串，也可以输入要插入菜单项的位置索引，位置索引默认从 0 开始。"项标识符输出"端子用于返回和输出插入项的项标识，如果"插入菜单项"函数没有找到项标识符或项之后，则返回错误信息。

（4）删除菜单项。

"删除菜单项"函数通常用于删除指定的菜单项，可以输入菜单标识符，也可以输入删除项的字符串或位置。如果没有指定菜单项标识符，则删除所有的菜单项。项输入端子可以是项标识字符串或字符串数组，也可以是位置索引，只有使用位置索引的方法才可以删除分隔符。

（5）启用菜单追踪。

"启用菜单追踪"函数通常与获取所选菜单项配合使用。"启用"端子输入的是布尔型数据，当启用端子输入为真时，则打开追踪，否则关闭追踪，默认为打开追踪。

（6）获取菜单项信息。

"获取菜单项信息"函数通常用于返回与项标识符一致的菜单项属性。其中常用的返回属性是快捷方式，其他各端子含义与设置菜单项信息函数相同。

（7）设置菜单项信息。

"设置菜单项信息"函数通常用于改变菜单属性，没有重新设置的属性不会改变。项标识符指定用户想要设置属性的菜单项或菜单数组。快捷方式用于设置菜单项的快捷方式，输入的为簇类型的数据，每个菜单在簇中有两个布尔类型和一个字符串，第一个布尔类型定义快捷键中是否包含"Shift"键，第二个布尔类型定义快捷键中是否包含"Ctrl"键，字符串中设置菜单快捷键，以配合"Shift"键或"Ctrl"键使用。已启用端子输入布尔型参数，默认为启用状态。

（8）获取快捷菜单信息。

"获取快捷菜单信息"函数通常用于返回与所输入的快捷方式相同的菜单项标识符和项路径。

10.6.2　运行主菜单

运行主菜单是指前面板在运行时菜单栏所显示的主菜单。运行主菜单有三种类型可供选择，分别为：默认，即 LabVIEW 的默认菜单；最小化，即只显示最常用的一些菜单选项；自定义，用户可以在这里编辑自己喜欢和需要的菜单。这里主要讲解自定义运行主菜单。

1. 自定义运行主菜单的编辑

自定义运行主菜单在前面板编辑也比较简单。下面通过一个自定义运行主菜单实现登录系统的案例来详细解读前面板编辑运行主菜单的过程。

步骤一：打开 LabVIEW 工具，创建一个新 VI，选择"编辑"下的"运行时菜单…"选项，即可弹出菜单编辑器对话框，如图 10.39 所示。

图 10.39　菜单编辑器对话框

步骤二：选择图 10.39 中下拉列表的自定义选项，弹出如图 10.40 所示的自定义菜单编辑对话框。开始编写菜单内容，菜单项类型选择用户项，通过菜单项名称文本框输入菜单内容，选择左上角的加号，添加新的菜单内容；左上角的上、下、左、右键调整菜单项内容的位置，进行等级缩进和上下移动。菜单项类型选择分隔符，可以添加水平线等。编写完成后如图 10.41 所示。然后选择"文件"下的"保存"选项，将其内容保存为扩展名为".rtm"的菜单文件，最好将它与 VI 存放在同一个路径下。

步骤三：通过前面板设计一个登录系统的子 VI，编写好程序框图，定义好连接端子，设置窗口外观为对话框。这里就不赘述了。

图 10.40　自定义菜单编辑对话框

图 10.41　自定义菜单编写内容

步骤四：通过菜单编辑器编辑好菜单后，除了系统项提供的系统功能之外，用户项菜单不具备任何功能，如图 10.42 所示，还需要通过编程才能实现其对应的逻辑功能。

图 10.42　自定义运行菜单界面

步骤五：在程序框图中，打开菜单函数面板，首先选择"当前 VI 菜单栏"函数获得当前前面板的主菜单，然后在 While 循环中通过"获得所选菜单项"函数获得用户单击的菜单项选项，再通过条件结构对相应的菜单项进行编程，如图 10.43 所示。在程序框图中添加了四个条件分支：其中一个是空字符串分支，这是一个避免死循环的空分支；登录分支是调用登录对话框子 VI，并把登录界面的输入信息传给当前界面；注销分支用于清空两个文本框内容；退出系统分支用于关闭当前系统。

图 10.43　自定义菜单响应程序框图

2. 事件结构实现菜单响应

自定义运行主菜单的响应程序还可以通过事件结构实现，它比通过获得所选菜单项函数实现要更简洁明了。在项目开发中，一般推荐使用事件结构。下面就用前面完成的登录界面子 VI 和菜单文件，来完成通过事件结构实现菜单响应功能。

步骤一：加载菜单文件。新建 VI，选择"编辑"下的"运行时菜单"，进入菜单编辑器对话框，如图 10.39 所示。选择"自定义"，进入如图 10.40 所示的对话框。选择"文件"下的"打开"选项，选择前面编辑好的菜单文件，点击右上角 "关闭"按钮，出现如图 10.44 所示对话框，选择"是"按钮。

图 10.44　加载自定义菜单文件示例

步骤二：添加菜单选择（用户）事件。在 While 循环中添加一个事件结构，选择"添加事件分支"选项，在弹出的编辑事件对话框中，选择事件源为"<本 VI>"及事件为"菜单选择（用户）"，如图 10.45 所示。

图 10.45　添加菜单选择（用户）事件

步骤三：编写程序框图。在菜单选择事件中，添加条件结构，编写代码如图 10.46 所示，里面内容与如图 10.43 内容相同。至此，程序就编写完成了，运行程序，就可以实现整个功能了。

图 10.46　事件结构实现菜单文件对话框

3. 动态创建菜单

除了可以通过菜单编辑器来编辑运行主菜单之外，还可以利用菜单面板上的 VI 函数通过编程来动态创建菜单。用菜单编辑器编辑菜单的好处是所见即所得，是在程序运行之前菜单项就已经确定了。而通过编程来动态创建菜单，菜单项可以根据程序运行情况改变。

下面编写程序完成动态生成一个可以中英文操作界面互换的主菜单。在程序运行时，用户可以通过选择不同语言实现同一个主菜单操作。

步骤一：在前面板添加一个布尔型的水平摇杆开关控件，作为选择菜单语言的选择器，语言有中文和英文。

步骤二：先在程序框图为摇杆控件添加事件结构，接下来在给摇杆控件不同布尔值添加条件结构。当为真时，表示选择英文，否则为中文。

步骤三：编写菜单模式程序。首先选择当前 VI 菜单项，创建一个菜单引用句柄；然后添加一个删除菜单项函数，将现有菜单清空；接下来多次添加插入菜单项函数，为不同层次菜单添加具体内容。

步骤四：添加快捷键。通过"创建数组"函数把需要创建快捷菜单的项标识符构成一个新数组。需要注意的是，在这里直接使用创建数组函数会构成一个二维数组，右击"创建数组"函数，选择"连接输入"就可以了。最后用一个 For 循环结构和一个数组常量为部分菜单项添加快捷键。具体代码如图 10.47 所示。用同样的方法为英文版菜单编写程序，这里不再赘述。

图 10.47　动态创建菜单程序图

步骤五：添加菜单选择（用户）事件。选择"添加事件分支"选项，在弹出的编辑事件对话框中，选择事件源为"<本 VI>"，选择事件为"菜单选择（用户）"。代码编写可以参考图 10.46。

步骤六：运行程序，就可以看到用程序编辑的自定义运行主菜单不同的语言模式，如图 10.48 所示。

图 10.48　动态创建菜单运行效果图

10.6.3　右键快捷菜单

右键快捷菜单是为某一个具体控件设置的菜单。只有当用户右击该控件时，才会弹出该菜单。它更具有针对性，右击不同的控件可以弹出不同的菜单，因此它更能够满足用户更多的交互需求。

右键快捷菜单的创建方式也有两种：一种是通过菜单编辑器创建菜单，另一种是通过编程动态创建菜单。

1. 利用菜单编辑器创建菜单

下面先介绍采用"菜单编辑器"创建右键快捷菜单的方式，为一个温度计创建一个右键快捷菜单，通过该菜单，用户可以选择温度计显示方式为摄氏度还是华氏度。

步骤一：创建一个 VI，在前面板添加一个温度计控件，一个布尔型指示灯控件。

步骤二：编辑菜单项。右键点击温度计控件，选择"高级"/"运行时快捷菜单"/"编辑"选项，弹出如图 10.49 所示的快捷菜单编辑器对话框，选择自定义类型，添加菜单项目名称"华氏"和"摄氏"，保存控件。

图 10.49　快捷菜单编辑器对话框

步骤三：事件选择。菜单项编辑完以后，就该编辑程序框图代码了。与运行时主菜单不同的是，右键快捷菜单只能通过事件结构来实现菜单响应。在程序框图中添加事件结构，选择"添加事件分支"选项，在弹出的编辑事件对话框中，选择事件源为"温度计"，选择事件为"快捷菜单"下的"快捷菜单选择（用户）"选项，如图 10.50 所示。

图 10.50　右键快捷菜单编辑事件对话框

步骤四：程序编写。在事件结构内添加条件结构，通过项标识符选择条件。在"摄氏"菜单项中设置温度计标题为"温度计（摄氏）"，最大值为 100，指示灯亮，指示灯标题为"摄氏温度"；在"华氏"菜单项中，设置温度计标题为"温度计（华氏）"，最大值为 200，指示灯灭，指示灯标题为"华氏温度"。程序框图代码如图 10.51 所示。

步骤五：运行程序，通过菜单编辑器创建的右键快捷菜单效果如图 10.52 所示。

图 10.51　右键快捷菜单编辑程序框图

图 10.52　右键快捷菜单运行效果图

2. 利用编程动态创建菜单

按下来讲解通过编程动态创建右键快捷菜单的方式，同样实现上面的温度计效果。

步骤一：创建一个 VI，在前面板添加一个温度计控件，一个布尔型指示灯控件。

步骤二：在程序框图中添加事件结构。选择"添加事件分支"选项，在弹出的编辑事件对话框中，选择事件源为"温度计"，选择事件为"快捷菜单"下的"快捷菜单激活?"选项。在事件结构中添加一个"删除菜单项"函数，将现有菜单清空。接下来添加"插入菜单项"函数，向标识符接线端子添加菜单内容，如图 10.53 所示。

后面的步骤与前面通过"菜单编辑器"创建右键快捷菜单实例的步骤三、步骤四和步骤五相同，这里不再赘述。

图 10.53　动态创建右键快捷菜单程序图

10.7　选项卡

选项卡控件提供多个页面，每个页面都是一个容器，页面里边可以摆放各种控件来完成不同的功能。用户可以通过点击页面上边的"选项卡标签"来切换不同页面的显示。选项卡控件位于控件面板的"新式"下的"容器"子面板内。选项卡控件添加到前面板后，默认有两个选项卡标签，双击选项卡标签可以修改标签内容。右击选项卡边框，在弹出的快捷菜单中可以选择相关选项来对选项卡进行添加、删除、复制、交换和创建属性节点等操作，如图 10.54 所示。

图 10.54　选项卡及其快捷菜单

选项卡功能既可以通过条件结构来完成，也可以通过事件结构来完成。在实际项目开发过程中，一般用事件结构较多。下面实例用条件结构和事件结构完成一个选项卡控件不同的四则运算。程序设计步骤如下：

步骤一：新建一个 VI，在前面板上添加一个选项卡控件，修改第一个选项卡标签为"相加运算"，修改第二个选项卡标签为"相乘运算"。分别在两个选项卡中添加两个数值输入控件、一个数值显示控件和一个确定按钮，并分别修改标签名，如图 10.55 所示。

图 10.55　选项卡前面板

步骤二：切换到程序框图，添加一个条件结构。选项卡控件的输出端连接其分支选择器，则条件结构会自动生成"相加运算"分支和"相乘运算"分支；在每个分支中再添加一个条件结构，其分支选择器分别连接"相加"和"相乘"两个确定按钮。在其假分支结构中不编写程序代码，只在真分支中添加相关的运算程序。如图 10.56 所示，这样利用条件结构实现选项卡控件功能的程序代码就编写完成了。

图 10.56　条件结构实现选项卡控件功能

步骤三：编写事件结构代码。首先在程序框图中添加一个事件结构，然后添加"相加：值改变"和"相乘：值改变"两个事件分支，在两个事件分支中添加程序代码。如图 10.57 所示，这样事件结构实现选项卡控件功能的程序代码就编写完成了。

图 10.57　事件结构实现选项卡控件功能

步骤四：运行程序，发现在数值输入控件中改变不同的数据，都会实现相应的四则运算。

10.8 多面板

在设计稍具规模的系统时，往往一个前面板很难显示出所有内容，就算勉强显示得出，也会使界面臃肿难看。有些情况下，用户可以通过选项卡控件进行分页显示，但是由于前面板控件过多，程序框图必然会更加繁乱。

其实，类似于常见的 Windows 程序，用户可以通过按钮或菜单弹出更多的界面。这样，无论多么复杂的系统都可以用简洁的多面板人机界面实现。下面来看如何在 LabVIEW 中实现多面板的程序设计。

1. 多面板的程序设计

这里将多面板程序设计分为两种情况：一种是在弹出子面板时，主程序处于等待状态，直到子面板运行完成；另一种是弹出子面板后，子面板与主程序相互独立运行。

对于第一种情况，可以简单地通过子 VI 实现。在子 VI 中选择"文件"/"VI 属性"/"窗口外观"/"自定义"/"调用时显示前面板"选项，当主 VI 调用到该子 VI 时，该子 VI 的前面板便会自动弹出。子 VI 可以是静态调用，也可以是动态调用。

对于第二种情况，则需要通过 VI 引用的方法节点来实现。下面通过一个实例来说明，其前面板如图 10.58 所示，程序框图如图 10.59 所示。前面板的"子面板 1""子面板 2""子面板 3"和"关于"这四个按钮分别对应 4 个 VI 面板。当用户单击其中一个按钮就会弹出相应的程序面板。运行过程中，用户可以看到各个面板之间是互相独立的，即其中一个面板的运行不影响另一个面板的操作。

图 10.58　多面板程序前面板

图 10.59　多面板程序事件结构框图

2. 多面板的程序框图

　　程序框图中最主要的是一个事件结构。该事件结构的触发条件来源于用户单击界面上 4 个按钮中的任何一个按钮。例如，当用户单击"子面板 1"按钮时，可以通过"控件引用"的属性节点"Label.Text"（标签.文本）属性获得按钮的标签名称，通过字符串连接和"创建路径"函数可以得到该按钮对应 VI 的绝对路径；通过"打开 VI 引用"函数获得 VI 引用后，由 VI 的"Execution.State"（执行.状态）属性节点获得 VI 的运行状态，如果 VI 处于"Idle"状态（即不运行状态），则通过 Run VI（运行 VI）方法运行该 VI，设置"Wait Until Done"（结束前等待）参数为"False"表明该动态加载的 VI 与主 VI 相互独立运行；最后通过设置"Front Panel Window.Open"（前面板窗口.打开）属性为"True"来打开动态加载 VI 的前面板。

3. 子面板

　　子面板程序如图 10.60 所示。为了使用户单击"退出"按钮实现面板的关闭，这里用到了 VI 的 Front Panel.close 方法。

图 10.60　子面板程序实例

　　子面板可以有不同的行为模式，譬如子面板始终在界面最前面，或者是对话框方式，即子面板打开时用户不能操作其他面板。在子面板程序中选择"文件"/"VI 属性"/"窗口外观"/"自定义"，在"自定义"对话框中设置子面板的功能。对应于窗口动作栏，它有三种模式：

　　（1）默认：普通模式，即如同普通面板一样没有特殊行为。

　　（2）浮动：面板总是浮在窗口最前面，用户此时仍然可以操作其他面板。

　　（3）模态：对话框模式，即如同对话框一样，当该面板运行时，用户不可以操作其他面板。

　　除了通过按钮实现多面板的调用，也可以通过菜单实现该功能，如图 10.61 所示，通过选择菜单栏的菜单项来实现菜单项与相应面板 VI 的对应。

图 10.61　通过菜单实现多面板程序

10.9 光 标

光标是指示用户输入位置的图标，也是指示鼠标当前位置的图标，还是在使用键盘输入时指示将要输入文字的位置的小动态图标。程序运行过程中，光标图像的变化可以形象地告诉用户程序的运行状态。例如，当程序正在采集或分析数据而不接受用户输入时，可以将光标的外观变为沙漏或钟表状态以表示程序忙，而当 VI 完成采集或分析数据后，可重新接受用户输入时，再将光标恢复为默认图标。

Windows 平台上的光标通常分为两类：一种是动画光标，保存为"*.ani"文件；另一种是静态光标，保存为"*.cur"文件。光标大小有 16*16，32*32，以及自定义大小等多种。在进行程序开发时，不仅可以使用系统提供的光标，还可以从网络上下载各种光标，甚至使用图标设计软件自己创建有个性光标文件供应用程序使用。

LabVIEW 为光标操作提供了一套函数集，光标函数集位于函数面板的"编程"/"对话框与用户界面"/"光标"子面板中，如图 10.62 所示。

图 10.62 "光标"面板

如果要为程序设置系统自带的光标，可以使用"设置光标"函数。该函数是一个多态性质的 VI，它可以根据不同的连接参数实现不同的功能。当输入参数是光标引用时，可以将引用所指向的光标文件设置为当前光标；如果输入参数为数值，则可以将系统光标或 LabVIEW 光标设置给 VI。可以使用数字 0 ~ 32 作为"设置光标"函数的参数，为 VI 设置 LabVIEW 自带的各种光标。各个数字所代表的图标如图 10.63 所示。在为 VI 设置这些光标时直接把光标对应的数字连接到"设置光标"函数的"图标"输入端即可。

编号	图标	编号	图标	编号	图标	编号	图标	编号	图标
0	默认光标	7		14		21		27	
1		8		15		22		28	
2		9		16		23		29	
3		10		17		24		30	
4		11		18		25		31	
5		12		19		26		32	
6		13		20					

图 10.63 LabVIEW 自带光标图

将 VI 前面板中的光标更改为系统繁忙时的光标也比较常用，这可以通过"设置为忙碌状态"和"取消设置忙碌状态"两个函数来实现。如图 10.64 所示，程序首先调用了"设置为忙碌状态"VI，然后等待进度条运行。在等待过程中，用户可以看到鼠标的光标被更改为忙碌状态。进度条运行结束以后，"取消设置忙碌状态"VI 恢复光标至默认状态。

图 10.64　设置光标忙碌状态实例

10.10　自定义控件和数据类型

10.10.1　自定义控件

LabVIEW 提供了强大的前面板控件选板，但通常只是一些简单的控件图标和功能。如果这些 LabVIEW 中自带的控件不能满足用户的需求，用户可以通过使用这些原有的前面板控件自定义新控件的样式，也可以通过设置属性节点为系统前面板控件创建新的功能。

LabVIEW 专门提供了自定义控件编辑窗口来编辑自定义控件。右击前面板的任何控件，在弹出的快捷菜单中选择"高级"下的"自定义…"选项，就可以打开自定义控件编辑窗口，如图 10.65 所示。刚进入该窗口时，该窗口处于编辑模式，此时对控件还只能做一些普通的操作。单击工具栏扳手形状按钮"🔧"，扳手形状按钮变为"🖊"，该窗口进入自定义模式。在该模式下就可以对控件外观进行随意修改了。用户可以看到控件的各个部件，并可以对各个部件进行操作，譬如改变大小、颜色、形状、导入图片等，右键单击部件可以选择从剪切板导入或者从文件导入图片到部件。编辑完控件后可以选择是否将其保存为 CTL 文件，若选择保存，那么以后就可以直接在其他 VI 前面板中导入该控件（导入方法是在控件选板中选择"选择控件…"选项，在打开的文件对话框中选择该 CTL 文件即可）。

图 10.65　自定义控件编辑窗口

下面介绍如何制作自定义电气元件控件，本实例的目的在于掌握在 LabVIEW 中自定义电气元件控件功能的方法。操作步骤如下：

步骤一：在 Windows 画图板上绘制一个表示电阻的图标，并将图片保存到文件夹中备用。

步骤二：根据电阻控件要实现的功能选择"确定按钮"控件放在前面板上。在按钮上右击，在快捷菜单中的"显示项"选项中取消布尔文本和标签。用鼠标右击控件，在弹出的快捷菜单中选择"高级"下的"自定义…"选项，进入控件编辑窗口。

步骤三：单击切换至自定义模式图标，切换后进入自定义控件模式，用户可以对控件编辑窗口内的控件进行编辑。调整控件编辑窗口内控件的大小，在控件上单击鼠标右键，从弹出的快捷菜单中选择"以相同大小从文件导入"选项，选择步骤一中创建的图标并按控件大小覆盖控件原图标。完成后的图标控件如图 10.66 所示，此时自定义的是布尔值为"假"时的控件图标。要自定义控件为"真"值时的控件图标，需要单击"✐"图标，把界面切换回编辑模式。然后在控件上单击鼠标右键，选择"数据操作"下的"将值更改为真"选项，此时控件切换为"真"值时的图标。再次对控件进行操作，把图片导入真值时的控件。本例中电阻控件的作用是实现单击后显示或隐藏电阻上电压的值，要实现此功能，就要改变确认按钮的默认机械动作，使其从"释放时触发"机械状态改变为"单击时转换"机械状态，机械动作的类型可从前面板控件的快捷菜单中的"机械动作"选项中选择。

图 10.66　控件图标自定义窗口

步骤四：完成后选择合适路径保存此控件，这样就完成了一个电阻控件图标的制作。

10.10.2　自定义数据类型

通过自定义数据类型可以将所有应用了的自定义控件与保存的自定义控件文件相关联。一旦自定义控件文件改变，相应的所有 VI 中该控件的应用实体都会跟着改变，这就类似于 C 语言中的 typedef 功能。譬如可以预定义一个簇，用来代表汽车的控制面板，如图 10.67 所示，在系统中可能会有多个 VI 都用到该控制面板。当需要给控制面板添加新的控制功能时，只需要更新自定义控件文件就可以更新所有使用该控件的 VI。

图 10.67　汽车控制面板

自定义数据类型控件的编辑与自定义控件的编辑基本一样，唯一的不同就是在自定义控件编辑窗口的工具栏的下拉菜单中选择自定义类型。

若不希望某个 VI 中的自定义数据类型控件自动更新，可以右键单击该控件，取消从自定义类型自动更新的选择；在需要更新时可以用鼠标右键单击控件，选择从自定义类型更新来手动更新。

10.10.3　自定义控件选板和函数选板

当在编程中要经常用到自己编写的某些特定的自定义控件或子 VI 时，就可以把它们也放到控件选板和函数选板中以便于编程时快速调用。

最简单的办法是直接将自己编写的自定义控件或子 VI 复制到"…\LabVIEW\user.lib"文件夹中，重启 LabVIEW 就可以在控件选板和函数选板中看到自己的控件和子 VI 了。

最好的办法是选择菜单栏的"工具"/"高级"/"编辑选板"选项，打开编辑控件和函数选板对话框，如图 10.68 所示，同时也会打开控件选板和函数选板。右击控件选板和函数选板，会弹出编辑菜单，如图 10.69 所示。在这里可以对控件选板和函数选板进行自由编辑，譬如创建子选板、添加控件或 VI、改变控件或 VI 在菜单中的位置等。

图 10.68　编辑控件和函数选板对话框　　　　图 10.69　控件选板编辑菜单

下面介绍将前面创建的自定义数据类型"汽车控件面板"添加到控件选板中的方法，步骤如下：

步骤一：为了容易识别自定义的控件或 VI，最好为控件和VI 先编辑好形象生动的图标。

步骤二：打开编辑控件和函数选板对话框，进入控件选板的用户控件。或直接在控件选板上右击控件选板，在弹出的快捷菜单中选择"插入"下的"自定义控件…"选项，在打开的文件选择对话框中选择保存的自定义"汽车控制面板"数据类型，就可以在控件选板中看到汽车控制面板的图标了，如图 10.70 所示。右击该图标，选择"编辑短名称…"选项可以改变该图标的快捷名称。

步骤三：单击"保存改动"按钮，在弹出的提示对话框中选择"继续"，就完成了所有步骤。

图 10.70　自定义的控件选板

10.11 用户界面设计

虽然程序的内部逻辑是程序的关键所在，但是也不能忽略用户界面的重要性。好的用户界面可以让用户乐于使用，减少用户的操作时间，在某些情况下甚至能避免故障的发生。因此，优秀的程序员应该倾注足够多的时间和精力在用户界面的设计上。

10.11.1 修饰静态界面

静态界面的修饰主要可以通过以下几个途径来实现：

（1）调节控件的颜色、大小和位置。

除了系统风格的控件，LabVIEW 的大多数控件颜色都是可以随意调节的。通过菜单栏的"查看"/"工具选板"/"设置颜色"工具"🔲✏"可以轻松地改变控件或者文字的颜色。譬如可以将关键操作的按钮涂为红色，将报警文字设为黄色，正常状态设为绿色等，而对于大面积的背景色一般都用灰色调，因为它让人可以看得更久而不疲劳。如何搭配颜色也是一门学问，有兴趣的读者可以查阅相关书籍，对于编程人员来说只需要知道一些原则就够了。

（2）控件的排版分组。

简洁整齐的界面永远都会受到用户的欢迎。应尽量保证同类控件大小一致，排列整齐，这可以通过工具栏中的排版工具"▯▾ ▯▾ ▯▾ ▯▾"轻松实现。当对多个控件排版后，可以通过重新排序按钮"▯▾"下的"组"选项将多个控件绑定，这样就不会改变控件之间的相对位置了。若需要重新排序，则可以选择"取消组合"将已有的"组"取消。

（3）利用修饰元素。

除了可以调节控件颜色、大小之外，还可以加入更多的修饰元素。这些修饰元素在控件选板的"新式"下的"修饰"子面板下，如图 10.71 所示。虽然它们对程序的逻辑功能没有任何帮助，但是它们可以使用户界面修饰和排版更容易，并能制造出一些意想不到的效果。必要的时候也可以贴一些图片作为装饰，譬如公司的 Logo 等。

有兴趣的读者可以通过 LabVIEW 提供的大量系统实例来学习如何排版装饰界面。

图 10.71　修饰元素面板

10.11.2 动态交互界面

美观的静态界面可以让用户赏心悦目，而动态的交互界面可以为用户提供更多的信息。譬如系统可以根据配置情况载入不同的界面或菜单；用不断闪烁的数字控件表示有报警发生；在用户进行某项操作前弹出对话框提醒用户是否确定；当用户移动鼠标到某些代表关键操作的按钮上时让按钮颜色发生变化，从而提醒用户小心操作等。

不断闪烁的数字控件可以通过控件的闪烁属性节点实现。当出现报警情况时，将控件的闪烁属性设为"真"，当报警情况停止时，再将其设置为"假"，如图 10.72 所示。

图 10.72　闪烁属性显示报警

在执行某个操作前弹出操作确认对话框非常简单，如图 10.73 所示，当用户单击"停止"按钮时，会弹出对话框询问用户是否确认要停止系统。

图 10.73　确认对话框

当移动鼠标到某按钮上时，若按钮颜色自动发生变化，可以提醒用户避免误操作。这可以通过设置控件的"颜色[4]"属性节点的"鼠标进入"和"鼠标离开"事件来实现，如图 10.74 所示。

图 10.74　控制控件的动态行为

由以上几个例子可以看出，用户在编程过程中只需要稍微用一些简单的编程技巧就可以让程序与用户很好地进行信息交互。

10.12　VI 程序设计规则

在阅读别人的 VI 程序时，可能总会为下面这些事实感到懊恼：前面板控件的混乱不堪，不明白某些控件到底是什么意思，费很大劲才能寻找到某一个功能按钮，程序框图没有说明，数据流连线乱成一团等。

实际上，编写一个好的 LabVIEW 程序除了要学会 LabVIEW 的各种编程知识，还得遵循一些 VI 程序设计规则。本节将对其中一些重要的规则进行介绍，这些规则来源于众多 LabVIEW 编程实践者多年的编程体会。但如何才能编写可读性强、重用性好的 VI 程序，还需要读者在实践编程中不断体会、总结和提高。如果要编写系统级程序，则最好要有一些软件工程方面的知识。

10.12.1　关于前面板的设计

前面板是最终用户将直接面对的窗口，因此前面板必须简洁易用。设计前面板时要考虑两种用户：一种是最终用户，他们只面对最终系统提供的各种功能；另一种是程序开发人员，他们还要面对子 VI。对于最终用户面对的前面板，设计时需要考虑两个方面：一方面是前面板是否简洁易用，用户能否快速定位自己所需要的功能；另一方面还要考虑美观性，好的界面给人一种赏心悦目的感受，这样才能让用户长期面对程序界面而不感到烦躁。而对于子 VI 面板则只要求前面板控件分类合理、排列整齐就可以了，因此开发者更注重的是子 VI 的接口和实现的功能。

下面是前面板设计的一些建议。

（1）为控件设置有意义的标签和标题。标签是用来标志控件在程序框图中的唯一标签，而标题用来表示控件的含义。通常标签较短且不包含特殊字符，用户可以直接用标签来表示控件的定义。但是当控件的含义比较复杂时，由于程序框图的控件有限，用户需要利用标题来详细说明控件的含义。对于布尔控件，一般利用布尔文本就能表示控件的含义，譬如确定、停止、取消或重置等。

（2）为控件设置合理的默认值。合理的默认值能保证 VI 正常运行，并减少用户每次启动 VI 时不必要的操作。对于图表，如果没有必要，则最好设置为空，这样可以节省 VI 占用的磁盘空间，加快加载速度。

（3）确保标签控件的背景色是透明的。

（4）最好使用标准字体——应用程序字体、系统字体和对话框字体。标准字体在任何平台上的显示结果都是一致的。如果使用一些特殊字体，则很有可能在别的计算机上显示结果会不一样，因为它要求该计算机也必须安装该特殊字体的字库。

（5）在控件之间保持适当的距离。由于不同平台上的字体大小可能不同，因此控件之间保持适当的距离可以防止控件大小自动改变导致控件的重叠。

（6）为数字输入控件配置合适的数据范围，避免用户输入错误的数据。

（7）为控件设定描述和提示，以增强程序可读性。

（8）合理地安排控件。尽量简洁是设计前面板的最重要原则之一。例如，可以通过菜单来减少混乱的控件。对于顶层 VI，在最显著的位置放置最重要的控件，而对于子 VI，在显著的位置放置与连线端子一一对应的控件。

（9）将同类控件分组并排列整齐。对于位置相对固定的控件，为了避免相对位置的改变，可以通过"重新排列"按钮下的"组"选项将多个控件绑定为同一个组。可以通过修饰元素突出同类控件，但最好不要通过簇来修饰。

（10）尽量合理地、节省地、一致地使用颜色。不合理的颜色会分散用户的注意力，例如黄色、绿色或橙色的背景会把一个红色的报警灯淹没。同时，不要把颜色作为显示状态的唯一信息，那样可能造成色盲用户无法分辨。对于运行在不同平台上的程序，最好采用系统颜色。尽量使用柔和的颜色作为背景色，使用较亮的颜色显示重要控件，最重要的信息或控件采用最亮的颜色，例如用于提醒注意的警告信息可以使用较亮的颜色。

（11）最好使用停止按钮来停止程序，尽量不要用强行按钮。使用强行按钮可能会发生一些意想不到的结果。例如，在程序正在写数据库的时候，强行终止程序很可能导致数据的不完整性，甚至导致数据库崩溃，因此最好把强行按钮隐藏起来。

（12）对于常用控件，尤其是枚举类型或簇，最好使用自定义类型。

（13）导入图片来增强前面板的显示。右击前面板的滚动条，在弹出的快捷菜单中选择"属性"选项，弹出如图 10.75 所示的窗格属性对话框，在背景选项卡中选择"浏览"按钮，就可以为前面板导入背景图片。也可以通过菜单栏"编辑"下的"导入图片至剪贴板…"选项，将图片导入剪贴板，再通过粘贴键将图片粘贴到前面板上。

图 10.75　"窗格属性"对话框

（14）为控件设置 Tab 导航顺序和快捷键。在某些场合，用户可能没有鼠标或者希望通过键盘来控制程序，因此最好为控件设置 Tab 导航顺序和快捷键。Tab 导航顺序是指当用户通过"Tab"键切换控件时的顺序。当切换到某个控件时，该控件就会高亮显示，此时可以通过键盘输入数据或通过"Enter"键单击按钮。可以通过菜单栏"编辑"下的"设置 Tab 键顺序"选项来设置 Tab 导航顺序，右击控件并选择"属性"下的"快捷键"选项可以为控件设置快捷键。例如，通常把确认按钮的快捷键设为"Enter"，把取消按钮的快捷键设置为"ESC"。

（15）确保前面板能适合大部分用户的屏幕分辨率。在设计前面板时，一定要考虑到用户的屏幕分辨率，尤其是如果用户使用的是触摸屏或 LCD，必须保证设计的前面板能在该分辨率下正常显示。前面板最好在屏幕的左上角打开（VI 前面板的默认打开位置就是 VI 被保存时的位置），当有很多个 VI 同时打开时，最好保证用户能够看到每个 VI 的一小部分，将自动弹出的面板放置在屏幕中央，这样有利于用户直接看到。

（16）善用对话框。通过对话框的方式，用户可以更容易地输入信息。如果对话框控件太多，最好用 Tab 控件将其分类。但也不要滥用对话框显示警告信息，因为如果用户不单击"确认"按钮，程序将暂停直到有人单击"确定"按钮，这对于无人值守的程序显然是不应该的。对于不重要的警告信息，可以通过高亮色的文字直接显示在文本框内。

10.12.2　关于程序框图的设计

程序框图是让用户理解一个 VI 如何工作的主要途径，因此花费一些精力让程序框图组织有序和易读是很值得的。下面是设计程序框图的一些建议。

（1）不要把程序框图画得太大，尽量限制在滚动条内。如果程序内容较多，则最好通过子 VI 的方式将程序划分为多个模块。

（2）为程序框图添加有益的注释。

（3）最好使用标准字体。

（4）确保数据流是从左向右流动以及连线是左进右出的。

（5）把连线、终端、常量等排列整齐。

（6）不要将连线放置在子 VI 或其他程序框图的下面。

（7）确保程序能够处理错误情况和不正确的输入。

（8）尽量少使用层叠顺序结构，因为它会隐藏代码。

（9）为子 VI 创建有意义的图标。

（10）关闭所有的引用。

（11）如果在多个 VI 中用到了同一个独特的控件或者需要在许多子 VI 之间传递分支的数据结构，则考虑使用自定义数据类型。

（12）避免过多地使用局部变量和全局变量。通过局部变量或全局变量可以使程序更加简洁，但是每次使用局部变量或全局变量都会产生一个新的副本，尤其是数组类型的数据将会占用较多内存。

10.12.3　关于 VI

关于 VI 有如下一些建议：

（1）使用层状结构，并把不同层次的子 VI 保存在相应层次的文件夹内。

（2）避免使用绝对路径。

（3）为 VI 设置有意义的名称，避免使用特殊字符。

（4）文件保存使用标准的扩展名。

（5）把顶层 VI、子 VI、控件和全局变量保存在不同的文件夹或"library"里，或者通过有意义的命名方式来区分它们。

（6）为 VI 设置描述信息，并确认它在帮助文档窗口中是否能正常显示。

（7）为每一个 VI 创建形象的图标。

（8）设置 4*2*2*4 的默认连接端子模式，这样有利于后续开发新的端子。

（9）使用一个固定的端子连接模式。通过固定的端子连接模式，在使用该子 VI 时可以很轻易地弄清楚端子的连接内容。例如，总是把错误簇放置在输入输出端子的最底部。

（10）子 VI 的连接端子不要超过 16 个，那样会导致连线困难。

（11）为每一个端子设置合适的连线要求：必须的、推荐的或可选的。这样可以让用户通过帮助文档清楚地知道哪些端子是必须连接的，哪些端子是不必须的。可以通过右击图标中该连接端子，再选择接线端类型选项来实现该设置。

（12）最好为每一个子 VI 都设置错误输入和错误输出端子。

（13）不要在 LLB 中保存过多的 VI，那样会占用太长时间。

（14）最大化 VI 性能。对于包含大型数组或对时间要求严格的程序，性能优化是至关重要的。下面是一些基本的性能优化策略。

① 如果 While 循环对于速度要求不高，可以在 While 循环中添加一个等待，从而降低 CPU 的利用率以利于其他部分程序的执行。对于用户界面循环，50～100 ms 的延时都是可以的。

② 对并行任务中相对不重要的任务，可以通过等待函数增加一个很小的延时，从而保证更重要的任务有更多的 CPU 资源。

③ 使用事件结构来等待用户的输入，因为事件结构在等待时不会占用 CPU 资源。

④ 在循环内尽量不要使用创建数组函数，这样会重复调用 LabVIEW 内存管理器。更有效的办法是通过自动索引或替换数组子集函数增加数组内容。字符串和数组类似，因此也会面临这个问题。

⑤ 为数组选择合适的数据类型。例如把短整型数据存入浮点型数组是很不划算的。

思考与练习

1. 通过 LabVIEW 编程，将华氏温度转化成摄氏温度。公式为：$C=(5/9)*(F\rightarrow32)$，其中 F 为华氏温度，C 为摄氏温度。请根据给定的华氏温度输出对应的摄氏温度。

2. 编写一个 VI，其菜单结构如下图所示。菜单行为如下：

（1）当 VI 初始运行时，升温和降温两个菜单项处于无效（Disable）状态，当用户点击启动菜单项后，这两个菜单变为使能（Enable）状态，同时启动菜单项变为无效状态。

（2）点击"退出"按钮停止 VI 运行。

（3）点击其他按钮，弹出如右下图所示的对话框。

（4）要求最好用事件结构实现。

3. 编写一个 VI，获取列表框里面用户所选定的信息，如下图所示。

4. 利用下面这两张图片做一个自定义按钮控件，ON 为笑脸，OFF 为哭泣。

11　数据库操作

数据库是程序进行数据存储的一种主要手段。几乎所有大型的项目都要用到数据库，这是因为当数据量很大时，用数据库可以有效地对数据进行组织，实现更方便、快速的存取和处理。

20 世纪 60 年代，第一个数据库管理系统（DBMS）发明之前，数据记录主要通过磁盘或穿孔卡片实现，那时无论是数据的管理、查询还是存储都是一件非常痛苦的事情。随着计算机开始广泛地应用于数据管理，数据共享要求也越来越高，传统的文件系统已经不能满足人们的需要，能够统一管理和共享数据的数据库管理系统应运而生。第一个数据库是美国通用电气公司 Bachmann 等人在 1961 年开发成功的 IDS（Integrated Data Store），它奠定了数据库的基础，并在当时得到了广泛的发行和应用。

如今，数据库技术已经比较成熟了，著名的数据库管理系统有 SQL Server、Oracle、MySQL、DB2、Sybase ASE、Visual ForPro 和 Microsoft Access 等。

在利用 LabVIEW 开发应用软件时，某些应用场合不可避免地要进行数据库的访问，而 LabVIEW 本身并不具备数据库访问功能，在 LabVIEW 编程环境下通常有以下几种途径访问数据库：

（1）利用 NI 公司的附加工具包 LabVIEW SQLToolkit 进行数据库访问。该工具包集成了一系列的高级功能模块，这些模块封装了大多数的数据库操作和一些高级的数据库访问功能。但是这种工具包比较昂贵，无疑会提高开发成本，对于许多的 LabVIEW 用户来说是不太现实的。

（2）利用其他语言，如 Visual C++ 编写 DLL 程序访问数据库，通过调用 LabVIEW 中动态链接库 DLL（Dynamic Link Library）实现间接访问数据库。但这种方法需要从底层进行复杂的编程才能完成，工作量太大，对于非专业的编程人员来说也是不可取的。

（3）利用 LabVIEW 的 ActiveX 功能，调用 Microsoft ADO 控件，利用 SQL 语言来实现数据库访问。利用这种方式进行数据库访问需要用户对 Microsoft ADO 以及 SQL 语言有较深的了解。

（4）利用第三方开发的免费 LabSQL 工具包访问数据库。LabSQL 利用 Microsoft ADO 及 SQL 语言来完成数据库访问，将复杂的底层 ADO 及 SQL 操作封装成一系列的子 VI，简单易用，适合大多数用户使用。

11.1　LabSQL

11.1.1　LabSQL 简介

LabSQL 是一款免费的、多数据库、跨平台的 LabVIEW 数据库访问工具包，可以在 http：

//jeffreytravis.com/网站中下载。同时，也可以在百度、谷歌和雅虎等搜索引擎中搜索下载链接。其支持 Windows 操作系统中任何基于 OBDC 的数据库，包括 Access、Oracle、SQL Server 等。LabSQL 利用 Microsoft ADO 以及 SQL 语言来完成数据库访问，将复杂的底层 ADO 及 SQL 操作封装成一系列的功能函数。利用 LabSQL 几乎可以访问任何类型的数据库，执行各种查询，对记录进行各种操作。它的优点是易于理解、操作简单，用户只需进行简单的编程，就可在 LabVIEW 中实现数据库访问。它还有一个最大的优点是源代码开放，并且是全免费的。

11.1.2　LabSQL 的安装

　　LabSQL 的安装方法很简单。在 LabVIEW 安装目录的"user.lib"文件夹中新建一个名为"LabSQL"的文件夹，将下载的"LabSQL_1.1a.rar"解压到"LabSQL"文件夹中。解压后可以看到"LabSQL ADO functions"和"Examples"两个文件夹，以及"ADO210"帮助文档和"README_FIRST"文本文档。"LabSQL ADO functions"是 LabSQL 工具包，"Examples"是应用实例，"ADO210"是程序员帮助文档，"README_FIRST"是 LabSQL 的说明文件，里面包括 LabSQL 的版本信息、系统需求、安装步骤和简单的使用方法等。安装完成后，重启 LabVIEW，在"函数"下的"用户库"子面板中就可以找到 LabSQL 函数库了，如图 11.1 所示。

图 11.1　LabSQL 子面板

　　LabSQL 的系统需求如下：
　　（1）LabVIEW6i 或以上版本。
　　（2）所访问的数据库必须安装了 ODBC 驱动。
　　（3）安装了 MDAC2.6 或更高版本，一般来说，Windows2000 及以上的操作系统都自带了该组件。
　　LabSQL VIs 按照 ADO 对象分为了三类，并且位于不同的文件夹中：Command、Connection 和 Recordset。
　　Command VIs 的功能是完成一系列基本的 ADO 操作。例如，创建或删除一个 Command、对数据库中的某一个参数进行读或写操作等。
　　Connection VIs 用于管理 LabVIEW 与数据库之间的连接。
　　Recordset VIs 用于对数据库中的记录进行各种操作。例如，创建或删除一条记录，对记录中的某一个条目进行读写操作等。
　　最顶层提供了 3 个 VI，其中最常用的就是 SQL Execute.vi。它将底层的一些 VI 封装起来提供了一个最简单的接口，即直接执行 SQL 语句。通过 SQL 语句可以执行任何数据库操作。

　　结构化查询语句（Structured Query Language，SQL）是关系型数据库管理系统的标准语言，因此用它可以访问各种支持 SQL 语言的关系型数据库。SQL 语言非常简单，如果用户不曾接触过，可以参考相关书籍，花一点时间学会一些简单的查询、添加和修改语句，这对访问数据库是非常有帮助的。

11.2　数据源配置

　　在介绍数据源配置之前，读者必须先知道什么是 ODBC 和 ADO。因为数据源是在 ODBC 中建立的，而 ADO 是通过 ODBC 来访问数据库的。

11.2.1　ODBC 简介

　　开放数据库互连（Open DataBase Connectivity，ODBC）是微软公司开放服务结构（WOSA，Windows Open Services Architecture）中有关数据库的一个组成部分，它建立了一组规范，并提供了一组对数据库访问的标准 API（应用程序编程接口）。这些 API 利用 SQL 来完成其大部分任务。ODBC 本身也提供了对 SQL 语言的支持，用户可以直接将 SQL 语句送给 ODBC。

　　ODBC 是数据库与应用程序之间的一个公共接口，应用程序通过访问 ODBC 而不是直接访问具体数据库来与数据库通信。一个基于 ODBC 的应用程序对数据库的操作不依赖任何 DBMS，不直接与 DBMS 打交道，所有的数据库操作由对应的 DBMS 的 ODBC 驱动程序完成。也就是说，无论是 SQL Server、Oracle、MySQL 数据库，还是 Visual ForPro、Microsoft Access 数据库，均可用 ODBC API 进行访问。由此可见，ODBC 最大的优点是能以统一的方式处理所有的数据库。如果没有 ODBC，应用程序访问数据库是非常麻烦的，用户需要学习具体数据库提供的编程接口，而且如果需要更换 DBMS 时，系统程序也必须作很大改动。

　　不过直接使用 ODBC API 比较麻烦，所以微软公司后来又发展出来 DAO、RDO、ADO 这些数据库对象模型。使用这些对象模型开发程序更容易。这些模型都支持 ODBC，所以即使用户所访问的数据库没有提供 ADO 的驱动，只要有 ODBC 驱动一样可以使用 ADO 进行访问。

　　利用 ADO 与 ODBC 访问数据库的过程示意图如图 11.2 所示。

图 11.2　ADO 与 ODBC 访问数据库

图中的 ODBC 驱动程序是针对每一类 DBMS 的,它由数据库厂商以动态链接库的形式提供,实现 ODBC 函数调用与数据源交互。而数据源是 ODBC 到数据库的接口形式,它描述了用户需要访问的数据库以及相应各种参数,例如数据库所在计算机、用户和密码等。数据源名将会作为访问数据库的标识,因此在与数据库进行连接之前,必须在 ODBC 数据源管理器中建立数据源。

本章实例介绍安装的驱动程序是 mysql-connector-odbc-5.3.4-win32.msi,默认安装即可,如果有计算机安装不上,这可能是驱动程序与计算机操作系统兼容性的问题,可以在网站下载其他可兼容版本的驱动程序。

11.2.2　ADO 简介

ActiveX 数据对象(ActiveX Data Objects, ADO)是 Microsoft 提出的应用程序接口(API),用以实现访问关系或非关系数据库中的数据。

由于直接使用 ODBC API 非常麻烦,因此需要借助于 ADO 来简化数据库编程。ADO 的主要优点是易于使用、高速度、低内存支出和占用磁盘空间较少。

ADO 通过编程模型实现对数据库的操作。编程模型是访问和更新数据源所必需的操作步骤,它概括了 ADO 的全部功能。编程模型意味着对象模型,即响应并执行编程模型的"对象"组。对象拥有"方法",方法执行对数据的操作;对象拥有"属性",属性指示数据的某些特性或控制某些对象方法的行为。与对象关联的是"事件",事件是某些操作已经发生或将要发生的通知。

1. ADO 操作方式

ADO 可提供执行以下操作方式:

（1）连接到数据源,同时,可确定对数据源的所有更改是否已成功或没有发生。

（2）执行访问数据源的命令,同时可带变量参数,或优化执行。

（3）执行命令。

（4）如果这个命令以数据按表中的行的形式返回,则将这些行存储在易于检查、操作或更改的缓存中。

（5）适当情况下,可使用缓存行的更改内容来更新数据源。

（6）提供常规方法检测错误（通常由建立连接或执行命令造成）。

在典型情况下,需要在编程模型中采用所有这些步骤。但是,由于 ADO 有很强的灵活性,所以最后只需执行部分模块就能做一些有用的工作。

2. ADO 的对象和集合

ADO 对象模型包含了九个对象和四个集合,具体含义如下:

（1）Connection 对象。代表与数据源进行的唯一会话,如果是客户端/服务器数据库系统,该对象可以等价于到服务器的实际网络连接。Connection 对象的某些集合、方法或属性可能无效,这取决于 Provider（即所采用的 DBMS）所支持的功能。

（2）Command 对象。用来定义对数据源执行的指定命令，例如一条在指定数据源上运行的 SQL 语句。

（3）Recordset 对象。表示来自基本表或命令执行结果的记录全集。任何时候，Recordset 对象所指的当前记录均为集合内的单个记录。

（4）Record 对象。表示一个单行的数据，它可以来自 Recordset 或来自 Provider。这个记录可以是数据库中的一条记录，也可能是其他类型的对象，例如一个文件或目录，这取决于 Provider。

（5）Stream 对象。代表一个二进制或文本数据流。

（6）Parameter 对象。代表 Command 对象的一个参数，取决于一个带参数的查询或存储过程。

（7）Field 对象。每一个 Field 对象对应于 Recordset 对象的一列，即一个字段。

（8）Property 对象。代表 Provider 定义的一个 ADO 对象的一个属性。

（9）Error 对象。数据访问过程中的错误细节，它属于包含 Provider 的一个单操作。

（10）Fields 集合。包含所有的 Recordset 或 Record 对象的 Field 对象。

（11）Properties 集合。包含一个具体对象的所有 Property 对象。

（12）Parameters 集合。包含一个 Command 对象的所有 Parameter 对象。

（13）Errors 集合。包含一个 Provider 相关的失败的所有 Error 对象。

11.2.3　建立数据源

数据源是通过数据源名 DSN（Data Source Name）来标识的，它是连接 LabSQL 与数据库的纽带。因此在使用 LabSQL 之前，必须首先要在 Windows 操作系统的 ODBC 数据源中创建一个 DSN。这里创建一个数据源名称为 DSN_YUAN 的数据源，该数据源作为后面数据库操作实例的实际应用，创建步骤如下：

步骤一：首先需要在 MySQL 数据库中创建一个数据库，这里将其命名为 lab，并在该数据库中创建一张表 t_user，表结构和数据信息如图 11.3 所示。

编号	user_id	user_password	user_name	money
4	小花	123	王五	100
9	裙角飞扬	123456	黄蓉	20000
10	小明	666	张明	29600
11	新	666	张明	28000
12	花	123	张小	5000
13	xiaoguo	123	郭靖	10000

图 11.3　t_user 表结构及参考数据

步骤二：在 Windows 操作系统的"控制面板"/"系统和安全"/"管理工具"中选定"数据源（ODBC）"，弹出"ODBC 数据源管理器"对话框，如图 11.4 所示。在"驱动程序"选项卡中可以看到安装的"MySQL ODBC 5.3 ANSI Driver"和"MySQL ODBC 5.3 unicode Driver"ODBC 驱动程序。对于 64 位系统的，这种方式打开"ODBC 数据源管理器"对话框是不能成功配置 32 位驱动数据源的，只有通过打开 cmd 窗口，运行命令：C：\Windows\SysWOW64\odbcad32.exe，在弹出的"ODBC 数据源管理器"对话框可成功配置。

图 11.4 "ODBC 数据源管理器"对话框

步骤三：在"ODBC 数据源管理器"对话框中，切换到"用户 DSN"选项卡，选择"添加（D）…"按钮，弹出"创建新数据源"对话框，如图 11.5 所示，选择"MySQL ODBC 5.3 ANSI Driver"驱动程序。

图 11.5 "创建新数据源"对话框

步骤四：点击"创建新数据源"对话框的"完成"按钮，弹出配置数据源的窗口，如图 11.6 所示。其中"Data Source Name"选项是配置数据源的名称；"Description"选项是对数据源的描述说明；"TCP/IP Server"选项是服务器的 IP 地址，对于本机服务器，可以填

"126.0.0.1"或"localhost";"User"和"Password"选项是打开数据库的用户名和密码，这个由用户安装数据库时决定，这里用的是默认用户和密码，都是"root"；"Database"选项是所配置数据源的数据库名称。点击"OK"按钮，则在"用户 DSN"选项卡内可以看到配置成功的数据源，如图 11.7 所示。

图 11.6　配置数据源窗口

图 11.7　配置成功的数据源

11.3　MySQL 基础

本书以 LabVIEW 2016 为基础，通过 LabSQL 工具包实现对 MySQL 数据库的访问。MySQL 是一个开放源码的小型关联式数据库管理系统，开发者为瑞典 MySQL AB 公司。目前 MySQL 被广泛地应用在 Internet 上的中小型网站中。由于其体积小、速度快、成本低，尤其是开放源码的特点，许多中小型网站为了降低网站成本而选择了 MySQL 作为网站数据库。因此，以下将基于 MySQL 介绍在 LabVIEW 2016 中如何对数据库进行访问的技术。

MySQL 数据库可以在 Windows、UNIX、Linux 和 Mac OS 等操作系统上运行。因此，MySQL 有不同操作系统的版本。如果要下载 MySQL，必须先了解自己使用的是什么操作系统。然后根据操作系统来下载相应的 MySQL。而且，根据发布的先后顺序，现在已经开发出 MySQL 5.6 了。本节将为读者介绍 MySQL 的基本应用。

11.3.1　MYSQL 下载与安装

读者可以到 MySQL 的官方下载地址 http：//www.mysql.com/downloads/mysql/ 下载不同版本的 MySQL。同时，也可以在百度、谷歌和雅虎等搜索引擎中搜索下载链接。本书中使用的数据库为 MySQL 5.1 版本。

在 Windows 系列的操作系统下，MySQL 数据库的安装包分为图形化界面安装和免安装（Noinstall）这两种安装包。这两种安装包的安装方式不同，而且配置方式也不同。图形化界面安装包有完整的安装向导，安装和配置很方便，根据安装向导的说明安装即可。免安装的安装包直接解压即可使用，但是配置起来很不方便。下面将介绍通过图形化界面的安装向导来安装 MySQL 的具体过程。

（1）下载完成 Windows 版的 MySQL 5.1，解压后双击安装文件进入安装向导，此时弹出 MySQL 安装欢迎界面，如图 11.8 所示。

图 11.8　MySQL 安装欢迎界面

（2）单击"Next"按钮，进入选择安装方式的界面，如图 11.9 所示。有 3 种安装方式可供选择：Typical（典型安装）、Complete（完全安装）和 Custom（定制安装），对于大多数用户，选择 Typical 就可以了，单击"Next"按钮进入下一步。

图 11.9　选择安装方式的界面

（3）进入如图 11.10 所示的准备安装界面。在 MySQL5.1 中，数据库主目录和文件目录是分开的。其中，"Destination Folder"为 MySQL 所在的目录，默认目录为 C：\Program Files\MySQL\MySQL Server 5.1。"Data Folder"为 MySQL 数据库文件和表文件所在的目录，默认目录为 C：\Documents and Settings\All Users\Application Data\MySQL\MySQL Server 5.1\data，其中"Application Data"是隐藏文件夹。确认后单击"Install"按钮，进入 MySQL 安装界面，开始正式安装。

图 11.10　准备安装界面

（4）单击"Next"按钮后，安装完成的界面，如图 11.11 所示。此处有两个选项，分别是"Configure the MySQL Server now"和"Register the MySQL Server now"。这两个选项的说明如下：

图 11.11　安装完成的界面

① Configure the MySQL Server now：表示是否现在就配置 MySQL 服务。如果读者不想现在就配置，就不选择该选项。

② Register the MySQL Server now：表示是否现在注册 MySQL 服务。

为了使读者更加全面地了解安装过程，此处就进行简单配置，并且注册 MySQL 服务。因此，选择这两个选项。

（5）单击"Finish"按钮，MySQL 数据库就安装完成了。安装完成时，由于选上了"Configure the MySQL Server now"选项，图形化安装向导将进入 MySQL 配置欢迎界面。通过配置向导，可以设置 MySQL 数据库的各种参数。

（6）图形化界面将进入 MySQL 配置欢迎界面，如图 11.12 所示。单击"Next"按钮，进入选择配置类型的界面，如图 11.13 所示。MySQL 中有两种配置类型，分别为"Detailed Configuration"（详细配置）和"Standard Configuration"（标准配置）。两者介绍如下：

图 11.12　MySQL 配置欢迎界面

① Detailed Configuration（详细配置）：将详细配置用户的连接数、字符编码等信息。

② Standard Configuration（标准配置）：按安装 MySQL 最常用的配置进行设置。

为了了解 MySQL 详细的配置过程，本书选择 Detailed Configuration 进行配置。

图 11.13　选择配置类型界面

（7）选择 Detailed Configuration 选项，然后一直单击"Next"按钮，进入字符集配置的界面，如图 11.14 所示。前面的选项一直是按默认设置进行，这里要做一些修改。选中"Manual Selected Default Character Set/Collation"选项，在"Character Set"选框中将"latin1"修改为"gb2312"。

图 11.14　字符集配置的界面

（8）单击"Next"按钮，进入服务选项对话框，服务名为 MySQL，这里不做修改。单击"Next"按钮，进入设置安全选项界面，如图 11.15 所示。在密码输入框中输入 root 用户的密码，一般默认为 root。要想防止通过网络以 root 登录，可勾选"Enable root access from remote machine"（不允许从远程主机登录连接 root）选项。要想创建一个匿名用户账户，就选中"Create An Anonymous Account"（创建匿名账户）选项旁边的框。由于安全原因，这里不建议选择该项。

图 11.15　安全选项对话框

（9）单击"Next"按钮，进入准备执行的界面。随后单击"Execute"按钮来执行配置，执行完毕，将进入配置完成的界面，如图 11.16 所示。单击"Finish"按钮后，MySQL 整个安装与配置过程就完成了。

图 11.16　配置完成的界面

如果顺利地执行了上述步骤，MySQL 就已经安装成功了，并且 MySQL 的服务也已经启动。

11.3.2　启动 MySQL 服务

只有启动 MySQL 服务后，客户端才可以登录到 MySQL 数据库。在 Windows 操作系统上，可以设置自动启动 MySQL 服务，也可以手动来启动 MySQL 服务。本节将为读者介绍启动与终止 MySQL 服务的方法。

在"控制面板"/"管理工具"/"服务"命令下可以找到命名为"MySQL"的服务。在此处的"MySQL"服务上右击"MySQL 服务"选项，选择"属性"命令后进入"MySQL 的属性"的界面，如图 11.17 所示。

图 11.17　MySQL 的属性

可以在"MySQL 的属性"界面中设置服务状态，可以将服务状态设置为"启动""停止""暂停"或"恢复"。而且还可以设置启动类型，在启动类型处的下拉菜单中可以选择"自动""手动"或"已禁用"。这三种启动类型的说明如下：

① 自动：MySQL 服务是自动启动，可以手动将状态变为停止、暂停和重新启动等。

② 手动：MySQL 服务需要手动启动，启动后可以改变服务状态，如停止、暂停等。

③ 已禁用：MySQL 服务不能启动，也不能改变服务状态。

MySQL 服务启动后，可以在 Windows 的任务管理器中查看 MySQL 的服务是否已经运行。通过 Ctrl + Alt + Delete 组合键来打开任务管理器，可以看到"mysql.exe"的进程正在运行，如图 11.18 所示。这说明 MySQL 服务已经启动，可以通过客户端来访问 MySQL 数据库。

图 11.18　Windows 任务管理器

11.3.3　MySQL 常用图形管理工具

MySQL 图形管理工具可以在图形界面上操作 MySQL 数据库。在命令行中操作 MySQL 数据库时，需要使用很多的命令。而图像管理工具则只是使用鼠标点击即可，这使 MySQL 数据库的操作更加简单。本节将介绍一些常用的 MySQL 图形管理工具。

MySQL 的图形管理工具很多，常用的有 MySQL GUI Tools、phpMyAdmin、Navicat、SQL-Front 等。通过这些图像管理工具，可以使 MySQL 的管理更加方便。每种图形管理工具各有特点，下面进行简单介绍。本章实验中使用的是 SQL-Front 图形管理工具，安装直接按默认安装即可。

1. MYSQL GUI Tools

MySQL GUI Tools 是 MySQL 官方提供的图形化管理工具，功能非常强大，提供了四个非常好用的图形化应用程序，方便数据库管理和数据查询。这些图形化应用程序可以大大提高数据库管理、备份、迁移和查询以及管理数据库实例效率，即使没有丰富的 SQL 语言基础的用户也可以应用自如。它们分别是：

（1）MySQL Migration Toolkit：MySQL 数据库迁移工具。

（2）MySQL Administrator：MySQL 管理器。

（3）MySQL Query Browser：用于数据查询的图形化客户端。

（4）MySQL Workbench：DB Design 工具。

MySQL GUI Tools 下载地址是 http：//dev.mysql.com/downloads/gui→tools/5.0.html，现在的版本是 5.0。这个图形管理工具安装非常简单，使用也非常容易。

2. phpMyAdmin

phpMyAdmin 是最常用的 MySQL 维护工具，是一个用 PHP 开发的基于 Web 方式架构在网站主机上的 MySQL 图形管理工具，支持中文，管理数据库非常方便。phpMyAdmin 的使用非常广泛，尤其是进行 Web 开发方面。不足之处在于对大数据库的备份和恢复不方便。phpMyAdmin 的下载网址是 http：//www.phpmyadmin.net/。

3. Navicat

Navicat for MySQL 是一款专为 MySQL 设计的高性能的图形化数据库管理及开发工具。它可以用于任何版本的 MySQL 数据库服务器，并支持大部分 MySQL 最新版本的功能，包括触发器、存储过程、函数、事件、视图、管理用户等。与微软 SQL Server 的管理器很像，易学易用。Navicat 使用图形化的用户界面，可以让用户使用和管理更为轻松。支持中文，有免费版本提供。Navicat 下载地址是 http：//www.navicat.com/。

4. SQLyog

SQLyog 是业界著名的 Webyog 公司出品的一款简洁高效、功能强大的图形化 MySQL 数据库管理工具。使用 SQLyog 可以快速直观地让用户从世界的任何角落通过网络来维护远端的 MySQL 数据库，而且它本身完全免费。SQLyog 下载网址是 https：//www.webyog.com/。

　　5. MySQL-Front

MySQL-Front 是 MySQL 数据库的可视化图形工具，因为它是"实时"的应用软件，可以提供比系统内建在 PHP 和 HTML 上的更为精炼的用户界面，即刻响应，没有重载 HTML 页的延迟。其主要特性包括多文档界面，语法突出，拖拽方式的数据库和表格，可编辑/可增加/删除的域，可编辑/可插入/删除的记录，可显示的成员，可执行的 SQL 脚本，提供与外程序接口，保存数据到 CSV 文件等。

11.4　访问数据库

成功创建数据源后，就可以对其中的数据进行操作了。通常，对数据库的基本操作包括在数据表中添加、删除、更新记录或查询记录等。

11.4.1　查询记录

本书以下实例都是基于 11.2.3 所建立的数据源。为了举例方便，在 MySQL 数据库中新建表，表名称为"t_user"，并添加输入如图 11.19 所示的数据。

user_id	user_password	user_name	money
佩奇	123456	小龙女	800000
乔治	000000	郭靖	28000
猪爸爸	666666	李冶	28000
猪妈妈	345678	赵飞燕	5000
佩德罗	111111	曹明	10000
苏菲亚	888888	陶薇薇	300000

图 11.19　"t_user"表

本例通过 SQL 语句查询"t_user"表中账户余额大于 6000 的项，其程序框图和查询结果如图 11.20、11.21 所示。首先通过 ADO Connection Create.vi 与 ADO 建立连接，然后通过 ADO Connection Open.vi 打开数据源，数据源由 ConnectionString 指定。打开数据源后，通过 SQL Execute.vi 执行 SQL 语句"select * from t_user where money >6000"，该语句表示从"t_user"表中查找账户余额大于 6000 的项。返回结果是一个二维字符串数组，此处用的是"表格控件"。对数据库的操作完成后，最后用 ADO Connection Close.vi 关闭连接。这是一个 SQL 语句执行的基本过程。

图 11.20 查询的程序框图

表格控件

序号	账号	密码	姓名	账号余额
9	佩奇	123456	小龙女	800000
10	乔治	000000	郭靖	28000
11	猪爸爸	666666	李冶	28000
13	佩德罗	111111	曹明	10000
14	苏菲亚	888888	陶薇薇	300000

查询条件:

账户余额开关   账户余额
◉关/开   >6000

图 11.21 查询结果

需要注意的是，在 LabVIEW 程序框图里编写 SQL 语句不能像文本编程语言那样写语句，需要借助于字符串连接函数将 SQL 语句进行拼接，拼接时要特别谨慎，LabVIEW 语法检查非常严苛，一不小心就会出现语法错误，导致运行失败。初学者往往很多时候并不能立马看出错误在那里，一般情况下容易出现的问题有标点符号英文写成中文，该空格的地方没有空格等。

11.4.2 添加记录

本例通过 SQL 语句 "insert into t_user（user_id，user_password，user_name，money）values（'瑞贝卡'，'999999'，'吴媛媛'，'60000'）"，实现新增一条记录。因为是添加所有字段的数据，所以 SQL 语句可以简化为 "insert into t_user values（'瑞贝卡'，'999999'，'吴媛媛'，'60000'）"，程序框图如图 11.22 所示。

图 11.22 添加记录的程序框图

添加记录前、后在 LabVIEW 前面板的运行效果如图 11.23、11.24 所示。

图 11.23　添加记录前数据

图 11.24　添加记录后数据

11.4.3　删除记录

本例通过 SQL 语句"delete from t_user where user_id='佩德罗'"，实现删除一条记录，其程序框图如图 9.25 所示。删除记录前、后 VI 运行效果如图 9.26、9.27 所示。注意此处只能选择"账户名"为要删除的记录，如果要选择其他字段删除则需要修改 SQL 语句。

图 11.25　删除记录的程序框图

图 11.26 删除记录前数据

图 11.27 删除记录后数据

11.4.4 修改记录

本例通过 SQL 语句"update t_user set money=80000 where user_id='瑞贝卡'",实现修改一条记录,把账号"瑞贝卡"的账户余额从 60000 修改成 80000。其程序框图如图 11.28 所示。修改记录前、后在 LabVIEW 前面板的运行效果如图 11.29、11.30 所示。

图 11.28 修改记录的程序框图

表格控件

序号	账号	密码	姓名	余额
9	佩奇	123456	小龙女	800000
10	乔治	000000	郭靖	28000
11	猪爸爸	666666	李治	28000
12	猪妈妈	345678	赵飞燕	5000
14	苏菲亚	888888	陶薇薇	300000
15	瑞贝卡	999999	吴媛媛	60000

账户名：瑞贝卡

密码：

用户名：

账户余额：80000

全部显示　添加记录　删除记录　修改记录

图 11.29　修改记录前数据

表格控件

序号	账号	密码	姓名	余额
9	佩奇	123456	小龙女	800000
10	乔治	000000	郭靖	28000
11	猪爸爸	666666	李治	28000
12	猪妈妈	345678	赵飞燕	5000
14	苏菲亚	888888	陶薇薇	300000
15	瑞贝卡	999999	吴媛媛	80000

账户名：瑞贝卡

密码：

用户名：

账户余额：80000

全部显示　添加记录　删除记录　修改记录

图 11.30　修改记录后数据

12 串口开发与应用

串口是计算机和嵌入式中使用得最广泛的一种硬件接口，通常称为 COM 口或者 RS232 口。在常用的 Windows 操作系统中，可以通过硬件管理器查看串口的硬件配置。通过串口通信的程序开发可以建立上下位机之间的通信，实现数据采集或控制应用。

12.1 基本概念

RS232 标准是在 1970 年由美国电子工业协会（EIA）联合贝尔系统、调制解调器厂家以及计算机终端生产厂家共同制定的用于串行通信的标准，其全称是"数据终端设备（DTE）和数据通信设备（DCE）之间串行二进制数据交换接口技术标准"，该标准规定采用一个 25 脚的 DB-25 连接器，不仅对连接器的每个引脚的信号内容加以规定，还对各种信号的电平加以规定。后来 IBM 的 PC 机将 RS232 简化成了 DB9 连接器，在 RS232 基础上，逐步发展了 RS422 和 485 两种新标准。

最简单的 RS-232 通信一般只使用三条线，分别是接收、发送和地线。DB9 接口的 PIN2 为 RXD（接收），PIN3 为 TXD（发送），PIN5 为 GND（地线）。

一般计算机可以采取购买一根 USB 转 RS232 线缆，然后用杜邦线将 PIN2 和 PIN3 进行短接，再通过串口调试助手，就可以实现自收自发。

12.2 串口参数设置

串口通信最重要的参数是波特率、数据位、停止位、奇偶校验和流控制。对于两个进行通信的端口，这些参数必须相同，否则无法进行通信或者会发生数据错误等。

（1）波特率：这是一个衡量通信速度的参数。它表示每秒钟传送的 bit 个数。例如，300 波特表示每秒钟发送 300 个 bit。

（2）数据位：这是衡量通信中实际数据位的参数。当计算机发送一个信息包，实际的数据不会是 8 位的，标准的值是 5、7 和 8 位。如何设置取决于想传送的信息。比如，标准的 ASCII 码是 0～127（7 位）。扩展的 ASCII 码是 0～255（8 位）。如果数据使用简单的文本（标准 ASCII 码），那么每个数据包使用 7 位数据。每个包指一个字节，包括开始/停止位，数据位和奇偶校验位。

（3）停止位：用于表示单个包的最后一位。典型的值为 1、1.5 和 2 位。由于数据是在传输线上定时的，并且每一个设备有自己的时钟，很可能在通信中两台设备间出现小小的不同步。因此停止位不仅仅是表示传输的结束，并且提供了计算机校正时钟同步的机会。

（4）奇偶校验位：串口通信中一种简单的校验方式。共有五种：无校验（no parity）；奇校验（odd parity），即如果字符数据位中"1"的数目是偶数，校验位为"1"，如果字符数据位中"1"的数目是奇数，校验位应为"0"；偶校验（even parity），即如果字符数据位中"1"的数目是偶数，则校验位应为"0"，如果字符数据位中"1"的数目是奇数则为"1"；校验位调整个数（mark parity），校验位始终为 1；space parity：校验位始终为 0。

（5）流控制：在进行数据通信的设备之间，以某种协议方式来告诉对方何时开始传送数据，或根据对方的信号来进入数据接收状态以控制数据流的启停，它们的联络过程就叫"握手"或"流控制"。RS232 可以用硬件握手或软件握手方式来进行通信。

（6）软件握手（Xon/Xoff）：通常用在实际数据是控制字符的情况下。RS232 只需三条接口线，即"TXD 发送数据""RXD 接收数据"和"地线"，因为控制字符在传输线上和普通字符没有区别，这些字符在通信中由接收方发送，使发送方暂停。这种只需三线（地、发送、接收）的通信协议方式应用较为广泛。所以常采用 DB9 的 9 芯插头座，传输线采用屏蔽双绞线。

12.3　串口通信软件开发

利用 LabVIEW 开发串口需要安装 VISA 驱动。VISA 是仪器编程的标准 I/O API，其可控制 GPIB、串口、USB、以太网、PXI 或 VXI 仪器，并根据使用仪器的类型调用相应的驱动程序，用户无需学习各种仪器的通信协议。VISA 独立于操作系统、总线和编程环境。换言之，无论使用何种设备、操作系统和编程语言，均使用相同的 API。开始使用 VISA 之前，应确保选择合适的仪器控制方法。

GPIB、串口、USB、以太网和某些 VXI 仪器使用基于消息的通信方式。对基于消息的仪器进行编程，使用的是高层的 ASCII 字符串。仪器使用本地处理器解析命令字符串，设置合适的寄存器位，进行用户期望的操作。SCPI（可编程仪器标准命令）是用于仪器编程的 ASCII 命令字符串的标准。相似的仪器通常使用相似的命令。用户只需学习一组命令，无需学习各个仪器生产厂商各种仪器的不同命令消息。最常用的基于消息的函数是：VISA 读取、VISA 写入、VISA 置触发有效、VISA 清空和 VISA 读取 STB。

12.3.1　串口通信函数

安装好 VISA 驱动后，用户可以在函数选板中"仪器 IO"菜单中找到常用的 VISA 函数，如图 12.1 所示。

同时，用户可以在范例管理器中，查找串口函数相关的 NI 官方范例，再配合前面所学的多线程技术，利用事件型生产者/消费者结构设计一个性能稳定的串口通信软件。具体范例如下：

VISA配置串口　　VISA写入　　VISA读取　　VISA关闭　　VISA串口　　VISA串口中断　VISA设置I/　　VISA清空I/
　　　　　　　　　　　　　　　　　　　　　　　　　　字节数　　　　　　　　　　O缓冲区大小　　O缓冲区

图 12.1　VISA 串口函数

图 12.2　简单串口范例

通过简单串口的官方范例程序框图，我们可以看到串口通信的主要流程如下：

（1）通过"VISA 配置"函数，获取串口号的资源，对波特率、数据位等参数进行设置。

（2）通过"VISA 写入"函数，进行字符串的发送。

（3）通过串口属性节点"Bytes at Port"获取串口缓冲区中接收到的字节数，必须使用此属性节点才能获取接收到的数据。

（4）通过"VISA 读取"函数，进行字符串的接收。

（5）通过"VISA 关闭"函数，进行串口资源的释放。

注意：简单串口范例中只能通过开关串口一次进行串口的发送和读取，并不能满足常用的串口通信软件开发，但其提供了完整的单次串口通信应用，具体如图 12.3 所示。

通过VISA配置串口VI配置串口。通过VISA写入函数发送"IDN?"命令，通过VISA读取函数读取仪器的响应。注意"端口字节数(Bytes at Port)"属性用于确定待读取的数据数量，这对单个读取来说可以接受。连续串口读取则推荐使用更为通用的方法。如需了解循环中执行连续串行通信的范例，请查看本范例同一文件夹下的Continuous Serial Write and Read.vi。

图 12.3　简单串口程序框图

12.3.2　多线程串口通信软件设计

常用的串口通信软件主要包括以下几种常见的功能：

（1）能够自定义配置串口通信的参数。

（2）能够连续地通过串口进行接收和发送数据。

（3）能够将接收的数据保存到文本文件中。

（4）能够统计接收和发送的字节数。

（5）拥有两种接收和发送的数据的显示格式，如普通字符串形式（ASCII）、十六进制形式。

多线程串口通信软件设计步骤如下：

首先创建一个工程文件进行项目管理，在其中创建主界面、自定义控件和子 VI 文件，也可以添加自定义图标作为最后的应用程序图标，具体如图 12.4 所示。

图 12.4　串口通信程序工程文件

在其中添加两个自定义的控件：枚举类型的"串口工作状态.ctl"和簇类型的串口参数设置控件"Serial-Setting.ctl"（可以复制 NI 范例中的控件），具体如图 12.5 所示。

图 12.5　两个自定义控件文件

同时此项目中还要将字符串文件保存到 txt 文件中，可以通过前面所学的文件 IO 知识，创建一个"保存文本.vi"的子 vi，设置路径和字符串输入控件为此子 vi 的输入端子，其程序框图、前面板如图 12.6、图 12.7 所示。

图 12.6　"保存文本"子 vi 程序框图

接着创建串口通信软件的主程序前面板，其中接收区为字符串显示控件，发送区为字符串输入控件，HEX 显示、HEX 接收和连续发送为系统控件布尔菜单中的系统复选框控件。创建布尔按钮控件和 LED 控件，如打开串口、保存窗口、清除窗口、串口发送和帮助等按钮，其中"打开串口"按钮的机械动作为释放时转换，其他按钮的机械动作为默认的释放时触发。最后将主程序的前面板进行一定的布局，以方便用户实际使用，其他的控件可以在编程时在函数的输入端子通过右键自动创建，如串口参数设置控件、串口号控件以及路径控件等。其前面板的参考布局如图 12.8 所示。

图 12.7 "保存文本"子 vi 前面板

图 12.8 主程序前面板

　　主程序的程序框图采用前面所学的事件型生产者/消费者结构模板进行设计。如图 12.9 所示，在生产者循环中，根据前面板不同的按钮产生的事件触发不同的事件，将枚举类型的"串口工作状态.ctl"中对应的事件进行入队列的操作，接着再将串口工作时对应的函数放入到消费者循环中对应的条件结构分支中，如图 12.10 所示，就能够实现一个高性能稳定的串口通信软件。

图 12.9　生产者循环产生各种事件

图 12.10　消费者循环进行各种串口函数的操作

注意：本程序可以进行重复的串口参数的更改和运行，可以进行连续的串口读取数据的文本文件保存，但在串口连续发送时由于 Windows 系统不是严格的实时系统，其实际的时间间隔只能精确到 10ms 左右，如果读者需要定时非常精确的串口发送程序，则需要将消费者循环替换为定时循环再进行测试即可。

参考文献

[1]　美国国家仪器（NI）公司官方网站：http://www.ni.com.

[2]　谢箭，何小群. LabVIEW 实用程序设计[M]. 成都：西南交通大学出版社，2017.

[3]　向守超，侯从喜. LabVIEW 2015 程序设计教程[M]. 西安：西安电子科技大学出版社，2017.

[4]　陈锡辉，张银鸿. LabVIEW8.20 程序设计从入门到精通[M]. 北京：清华大学出版社，2007.

[5]　秦凤梅，丁永超. MySQL 网络数据库设计与开发[M]. 北京：电子工业出版社，2014.

[6]　岂兴明，周建兴. LabVIEW 中文版入门与典型实例[M]. 北京：人民邮电出版社，2010.

[7]　杨高科. LabVIEW 虚拟仪器项目开发与管理[M]. 北京：机械工业出版社，2012.

[8]　岂兴明，田京京，夏宁. LabVIEW 入门与实战开发 100 例[M]. 北京：机械工业出版社，2012.

[9]　张兰勇，孙健. LabVIEW 程序设计基础与提高[M]. 北京：机械工业出版社，2013.

参考文献